THE BOOK OF MEN'S SHOES MAKING

高級手工訂製紳士鞋

傳承淬鍊，回到鞋工藝的美好時代

林果良品 營運總監　曾信儒

　　第一次知道日本製鞋工藝師三澤則行先生的名字，是看到這本中譯版的原文日文書，被它精美的排版以及鉅細靡遺的圖解說明深深吸引。有日本讀者在網路上留言，對三澤先生如此不藏私分享自己擁有的技能，感到敬佩。在台灣的我們一直在蒐集製鞋相關書籍，理解到目前為止，的確還沒能看到在製鞋技藝的流程上比本書更詳盡的書籍，在此，由衷的敬佩本書能如此詳實記錄三澤先生所有獨門絕活。

　　談到製鞋工藝，一次跟台灣製鞋師傅聊到，即使他已經60歲，大半輩子都在製鞋，仍必須抱持著學習的態度，因為總有他還沒看過的工法。各家流派的些微差距，又或是職人們的各自堅持，讓這門技藝有別於其他商品的生產製造。它是最實用的物件，需要仔細地考量穿著者的感受，人體工學的知識不能少；用的材料是天然的皮革，多種因素如牛隻品種、產地氣候緯度、皮革鞣製技術等，影響著材料的美麗與否，與製作手法及穿著時的物性；工序繁複，各種製鞋方法各有目的與巧思。綜上，也就組成了一個一旦深入探究，就無法自拔的領域。

　　本書中示範的手縫沿條製鞋法，是其中工序相對更複雜，且技術含金量很高的製鞋方式。手縫沿條製鞋法傳承自十五世紀，歷經數百年，是十八世紀末被發明的固特異工法前身。前者保持著它的原汁原味，後者則縮短了製作的時間及成本。

書裡面提到的，即使是手工訂製的鞋子，大多數仍會將其拆解成不同的步驟，讓不同專業的職人貢獻自己最精湛技術。而三澤先生卻是從鞋楦、打版、鞋面裁切、縫合、拉幫、大底接合等，全程不假他人之手，獨立完成一雙鞋子。在製鞋的方方面面都能有精良的技藝，是相當少見的，這需要持續多少年每日不間斷的練習。

在這邊，我要推薦這本書《高級手工訂製紳士鞋》給在台灣致力於製鞋工藝的朋友們。台灣經歷了1976年全球製鞋產量最高的黃金時代，曾有製鞋王國的美譽。現在，是一個適合在舊有的基礎，向上升級的時代，讓製鞋可以是一門藝術。相信不少從日本、義大利拜師學藝歸來的朋友們，看到這本書，必定如獲至寶，按照這本書的做法，說不定你會有「原來如此」的求知樂趣。

雖然這是一本相當專業的書，我仍推薦給初學者或是對紳士鞋有興趣的朋友。在閱讀的過程中，你可以了解到鞋子製作涵蓋的諸多細節與知識，絕不是天馬行空、神來一筆。在了解最複雜的紳士鞋結構及製法後，在往後的日子裡，對於鞋子更加熟悉，或許也能心領神會三澤先生所要傳達的完成一雙鞋的認真心意。

CONTENTS

目 次

了解從平面皮革
做出立體鞋型之間的每道程序

即使歸類上都屬於紳士鞋，不同鞋款的製法與款式，可說是五花八門。本書從眾多紳士鞋中，選擇手縫沿條的手工鞋製法來介紹。以傳統製法製成的紳士鞋，忠實呈現了製鞋師的個性與技術，同時也是世上獨一無二的鞋子。為我們示範製作的是，一手包辦手工鞋製作的MISAWA & WORKSHOP 經營者三澤則行先生。示範款式是封閉式襟片的牛津鞋，與開放式襟片的德比鞋。這兩種鞋款是紳士鞋的基本款，堪稱紳士鞋製作的必經之途。閱讀本書，可以說是了解製鞋奧妙的第一步。

獨自完成
一雙鞋的製作

　　大部分製鞋工作,每個製程都有專業的師傅,採取分工的方式完成。當然,這種分工細膩的製鞋方式也是合宜的。有很多製鞋工房,就算是專屬訂製,仍然採取由不同製鞋師合力製作的方式。實際上,像擔任本書監修的三澤則行先生一樣,獨自完成手工製鞋工作的職人,其實並不多。原本就很喜歡鞋子的三澤先生,從頭到尾獨立製作出只有他才能完成的鞋子,可以感受他對鞋子所投注的愛情。相信只要閱讀本書就可以體會,MISAWA & WORKSHOP 的手工鞋,製作過程是多麼勞心勞力。各位讀者應該也可以從中理解,用三十萬日圓左右的價格,就可以買到一雙手工鞋,其實並不昂貴。

追求更高技術的
動機

　　製鞋所需的技術,即製鞋的基本功,並非一朝一夕就能培養出來。打版、製作鞋面、拉幫、針車、貼底與上鞋跟等過程,各個階段都需要專門的師傅,就能了解這份工作的難度之高。從價格面考量,客戶對於專屬訂製手工鞋的期待,自然也會比較高。如果一個人就能獨立完成所有的製程,將需要比專業師傅們具備更高層次的技藝。三澤先生認為,除了維持高層次的工作水準,也必須具備時常保持追求更高技術,以及提升工作品質的動機。本書詳細地介紹了三澤先生製作訂製手工鞋的過程,揭露專業製鞋師的工作樣貌。

Oxford

■ 牛津鞋

**紳士鞋的
基本款**

首先示範的鞋款,是封閉式襟片的牛津鞋,別
名巴爾莫勒爾(Balmoral),是紳士鞋中的最基本的
款式。牛津鞋的名稱起源,是十七世紀時英國牛津
地區的大學生,不滿當時的長靴形式,而開始改穿
短靴而來。巴爾莫勒爾的別名,有一說是因為英國
的阿爾伯特親王(Albert, Prince Consort),在蘇格
蘭的巴爾莫勒爾城穿了此種樣式的鞋子。牛津鞋是
紳士鞋中最正式的鞋款,配合人們常在婚喪喜慶
等場合穿著的習慣,因此,本書選擇以基本的黑色
皮革來製作。

Derby

■ 德比鞋

魅力在於休閒的氣息

　　德比鞋也被稱為布呂歇爾鞋（Blucher），特徵是鞋口往外開的開放式襟片。與牛津鞋同為紳士鞋的基本款，但形態上較為休閒。德比鞋的名字，來自於英國的葉森德比賽馬的創始者德比伯爵。因為他在歐美社交場合賽馬比賽上觀戰時，建議穿著此款式的鞋子。別名布呂歇爾鞋，是因為普魯士軍官布呂歇爾設計了此種鞋款。本書選擇使用茶色的皮革來製作，強調其休閒的氣息。

構成紳士鞋的主要材料

本書在製作紳士鞋時所使用的主要材料，介紹如下。牛皮為最主要的材料，不過鞣製方式與厚度，則會因為使用的部位不同，而有所差異。

鞋身的部分使用薄且具有彈性的鉻鞣皮革，內裡則是經過以植物與鉻混合鞣製的牛皮與豬皮。鞋頭內襯、後踵內襯與中底及大底，選用厚度達3mm以上植物鞣皮革，特別是

鞋底使用堅固耐磨性高的皮革。

中底與大底之間會產生構造上的縫隙。為了填滿這個縫隙而使用的材料，稱為「填腹」，其主要材料為軟木。走路時避免填腹因為滑動發出聲響，還會加入毛氈。而埋在中底的腳掌心部分，像是鞋子脊椎功用的零件，則稱為鐵心。另外還有製作鞋跟的組件、製鞋時必須的釘子等材料。

■ 鞋身

使用厚度1至1.5mm的鉻鞣牛皮，擇其沒有損傷或是沒有皺摺的部分，裁切出各部位的皮革。

用來製作牛津鞋鞋身的，是厚度1.4mm的黑色小牛皮。

用來製作德比鞋鞋身的，是厚度1.4mm的茶色小牛皮。

■ 內裡‧腳跟墊

內裡與腳跟墊，是以植物與鉻混合鞣製而成厚度約0.8至1mm的牛皮，側邊內裡則使用厚度約0.8mm的豬皮。

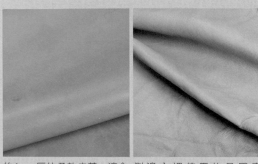

約1mm厚的柔軟皮革，適合用來製作內裡。

側邊內裡使用的是厚度0.8mm較薄的豬皮。

■ 襯片

鞋頭內襯與後踵內襯，皆使用厚度3mm的植物鞣牛皮。

襯片從正中央的部位開始慢慢削薄，邊緣削至趨近0mm。

■ 中底

指與腳掌接觸的中底所使用的皮革。製作時皮革皮面層朝上。

使用的是厚度4至6mm的植物鞣皮革,貼合木楦底部使用。

■ 大底

與地面直接接觸的大底,使用的是澀質高、浸泡鞣製多次的皮革。製作時將皮革皮面層朝下。

本書在製作德比鞋時,使用的是以櫟屬植物所含的丹寧酸,鞣製而成的最頂級的材料。

■ 填腹

指用來填補中底與大底之間空隙的材料。傳統上習慣使用軟木。

使用時,軟木需要先與黏著劑混合攪拌。　如果在意走路時發出聲響,可另外使用毛氈。

■ 鐵心

原義指腳掌心,後來用來指稱放在鞋子的腳心部位,支撐腳掌的弧形組件。

也有木製或皮革製的鐵心,但現在最普遍的還是鐵製品。

■ 鞋跟

重疊多層皮革而製成,也有販賣鞋跟專用的皮革。

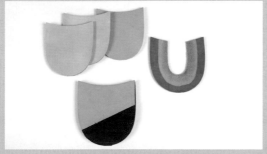

從左上角順時針方向,分別是墊出高度的鞋跟皮革、修飾出圓滑線條的U形墊片,以及鞋跟底的天皮。

■ 釘子

用來固定鞋跟的釘子,依照用途的不同,分為木釘、鐵釘、黃銅釘。

固定鞋跟時,最常使用的是木釘。

鐵釘用來固定重疊的皮革。　黃銅釘則是外露的修飾釘。

製鞋

製鞋師以手縫沿條的方式獨自完成一雙紳士鞋，需要
花費十天左右的時間。接下來，經營專門製作手工鞋
訂製 MISAWA & WORKSHOP 的三澤則行先生，將
會為我們示範牛津鞋及德比鞋的製作過程。從打版製
作的步驟開始，讓各位讀者全盤了解，如何一步步將
皮革塑造成一雙鞋，還有製鞋過程中需要哪些技術。
相信只要看了製作步驟，就能夠知道手工鞋是如何製
成。本書完整收錄了一雙真正的高級手工訂製紳士鞋
的精華製作過程。

Oxford

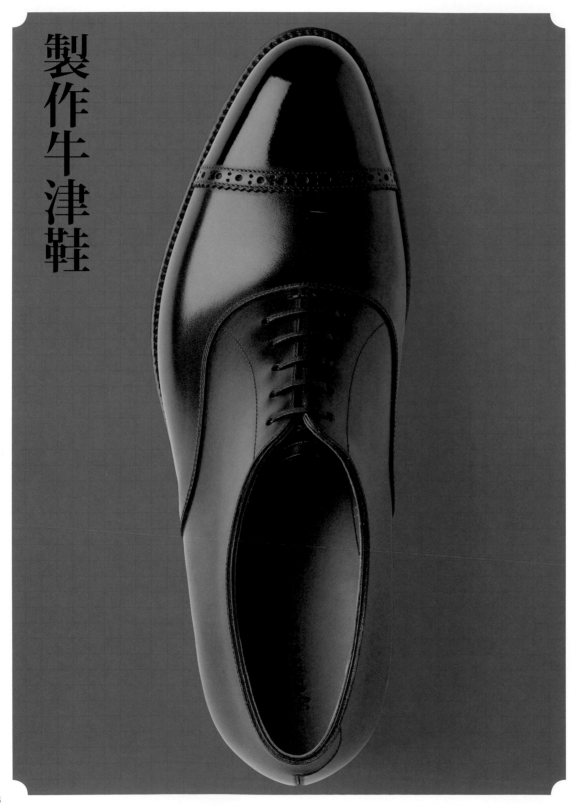

製作牛津鞋

牛津鞋採用黑色皮革，鞋面部分增加裝飾雕孔。腳掌心部分為黑色，使鞋底呈現黑茶相間的效果。細緻收邊的鞋底，雖是正統的牛津鞋款，各部位仍帶有鮮明的個性。

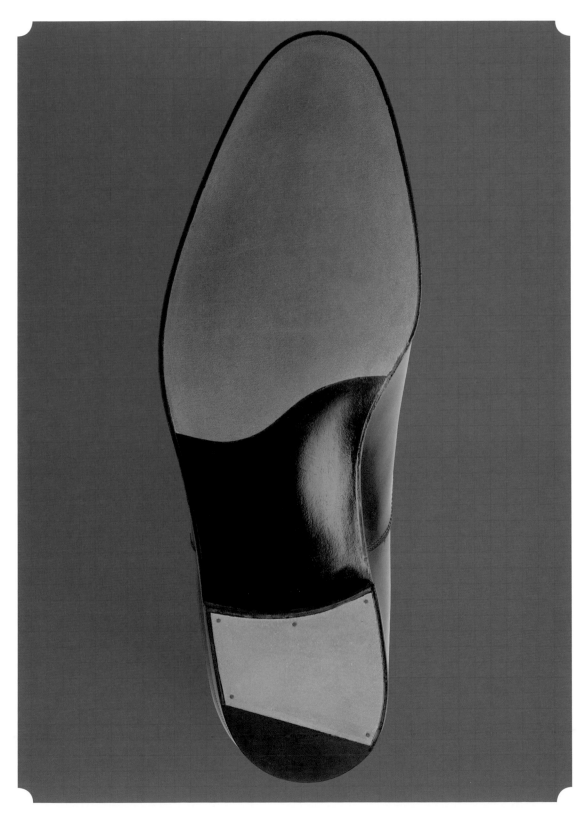

Oxford

**正式的封閉式襟片設計，
是所有紳士鞋的基本款式。**

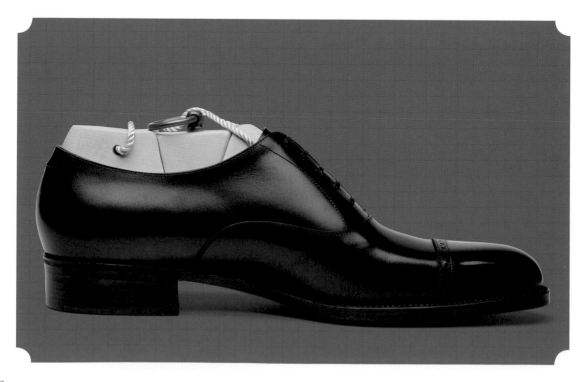

設計鞋款・打版製作

製作一雙鞋，是從設計鞋款，並將款式打版到木楦上開始。接著，將木楦的樣版轉繪到圖面上，完成製鞋的基本步驟——打版。轉繪的紙版是否能夠忠實反映木楦尺寸，說是製鞋過程中的骨幹也不為過。這是非常重要的製作步驟。

設計鞋款

每個木楦都有不同的特徵,而製鞋時也必須了解這些特徵。首先是盡可能正確地在紙上畫出木楦的樣式,再以此為基礎進行鞋款設計。了解木楦,是設計出實穿的鞋子的第一步。雖然牛津鞋基本的設計不會有太大改變,但是設計線條的位置,仍可能大幅影響鞋子的整體造型。仔細觀察木楦,設計出心中理想的鞋款,應能加深對於這雙鞋的理解。

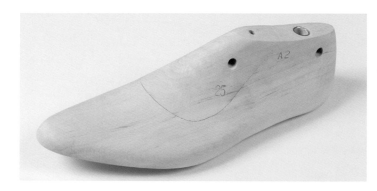

日本近幾年來,已可透過郵購等方式買到木楦。書中使用是 MISAWA & WORKSHOP 對外販賣的原創木楦(可參考254頁)。準備適合腳型的木楦,必要時,可進行削切或是增厚,來調整鞋型。

01

因為在設計木楦時,已經將鞋踵形態列入考慮,所以先墊出鞋踵的高度。

02

03 首先,是盡可能正確地在紙上畫出木楦的樣式。

04 描繪時,很重要的是維持實際的長寬比例。

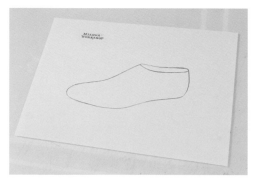

在紙上畫出木楦樣式後,之後再畫上牛津鞋的設計款式。

05

● 木楦：也稱為 last，是鞋子的原始版型。木楦決定了鞋子的設計，與穿著時的舒適度。除了木製楦頭外，也有樹脂素材。傳統上，在製鞋時，會依照客人的腳型訂做楦頭。

06 在木楦素描圖上方，墊一張可以看到底下圖樣的紙。

07 將兩張紙的邊緣對齊，用夾子將紙張固定。

08 沿著木楦邊緣描線，再畫上牛津鞋的設計。

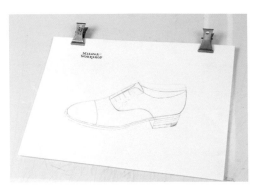

先輕輕地畫出線條，進行修正。
09

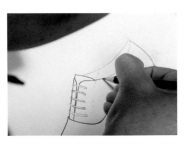

10 決定好整體的輪廓後，再將線條描粗。

11 牛津鞋的設計完成圖。盡可能畫出細部樣貌，如此一來，也比較容易想像圖面變成立體鞋身後的感覺。

打版製作

　　鞋子的打版製作,指的是將木楦轉繪成平面紙版的作業過程。轉繪出來的版型,是否忠實呈現木楦的尺寸,將會大幅影響鞋子的合腳度,所以打版製作可以說是製鞋過程中最重要的一個步驟。打版的方式,依據製鞋師的思路與手法,而有所不同,並沒有所謂的「標準答案」。再者,三澤先生的打版製作方法十分細緻,不易理解,所以本書介紹的是比較好懂的簡化版本。儘管如此,說明中使用的數值,都是三澤先生實際製鞋時的比例。各位讀者不妨以此為基礎,發展出自己的製作手法。

打版時必須知道的
木楦部位名稱及數值

以下為打版時供參考的各部位數值。這些數值是三澤先生根據過往丈量經驗,推算出來的平均值,並非絕對的數值。

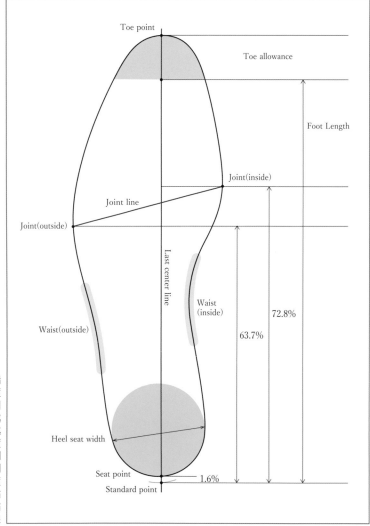

Toe point=木楦前端
Foot length=腳掌實際長度
Toe allowance＝腳趾至鞋頭的可活動範圍
Joint （outside）＝腳掌外側最寬處
Joint （inside）＝腳掌內側最寬處
Joint line＝腳掌寬度
Waist （outside）＝腳心外側
Waist （Inside）＝腳心內側
Heel seat width＝腳跟最寬處長度
Seat point＝木楦底部後端頂點
Standard point＝踝點、木楦踝部最凸出的端點
Last center line＝木楦（底面）中心線

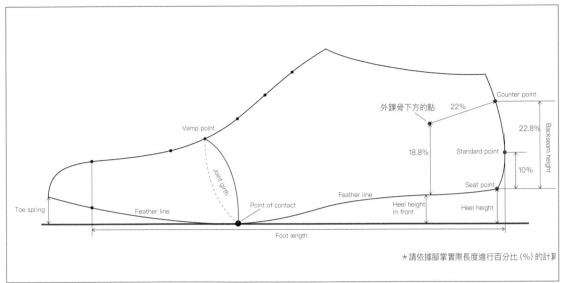

外踝骨下方的點　22%　Counter point
22.8%
Backseam height
18.8%　Standard point
10%
Vamp point
Seat point
Joint girth
Point of contact
Feather line
Heel height
in front
Heel height
Toe spring
Feather line
Foot length

★請依據腳掌實際長度進行百分比（%）的計算

Toe spring= 鞋頭翹度
Vamp point= 木楦中心與前腳掌最寬處交點
Joint girth= 木楦踩地部分的圍長（＝前腳掌最寬處的圍長）
Point of contact= 木楦踩地點
Feather line= 木楦側面邊緣線、中底邊線
Foot length= 腳掌實際長度

Backseam height= 鞋踵高度
Counter point= 鞋踵最高點
Standard point= 踝點、木楦踵部最凸出的端點
Seat point= 木楦底部後端頂點
Heel height= 鞋踵高度
Heel height (in front)= 鞋踵高度（前方）

◆ 製作中底版

準備寬度能夠容納木楦底面大小的紙膠帶。
01

02 由木楦的中央開始黏貼，盡可能貼得平整，不要出現皺褶。

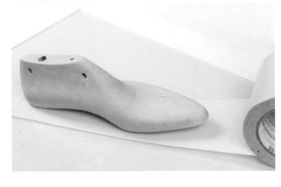

03 將超出木楦底面的紙膠帶，剪出相隔1cm左右的開口。

04 這些開口可以讓紙膠帶完全密合於木楦底部。

05 腳心內側也剪出開口，緊密地黏好。

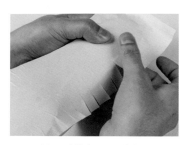

06 楦跟邊緣部分要貼牢。

07 以STABILO天鵝牌鉛筆描出腳心內側以外的邊緣輪廓。

08 描了線後，紙膠帶上即顯示木楦底部的圖樣。

09 將紙膠帶從木楦撕下。小心不要將膠帶撕破。

10 將撕下的紙膠帶黏至肯特紙上，黏貼的時候注意不要出現皺摺。

11 貼上膠帶後，肯特紙上就會出現木楦底部的圖樣。

12 沿著圖樣線條將肯特紙切開。

13 沒有描線的腳心內側，切開時預留多一點空間。

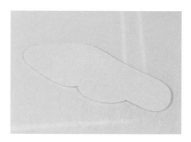

14 預留腳心內側的空間，切開之後就會是上圖的模樣。

15 將前端的部分對折，就能找到前端中心點。

16 後端部分也對折，找到腳跟部位的中心點。

17 用鉛筆在中心點的地方標上記號。

用語解說

● 腳心內側：腳掌心內側凹進去的部分。反邊的外側則稱為腳心外側。

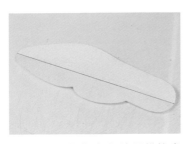

18 將前後的中心點用鉛筆畫線，這條線就是木楦底部的中心線。

19 使用曲線板（也稱雲形尺），延伸腳心內側前端的線。

20 延伸之後，就會呈現上圖的模樣。

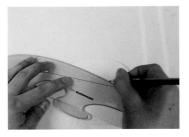

21 使用曲線板弧度較平緩的部分，延伸腳心後端的線。

22 延伸後端的線之後，就會呈現上圖的模樣。

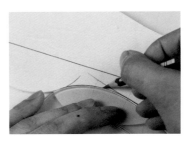

23 用曲線板將前後延伸的線條，以自然的弧線相連。

24 如此就會出現腳心內側的連線。

25 沿著這條線，將肯特紙切開。

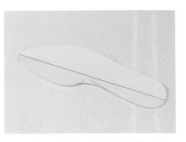

26 如此就完成鞋底版的切割工作。

27 找出腳掌內外側最寬處的兩點，並用線連起來（參考22頁的圖）。

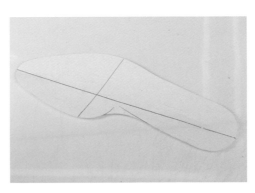

28 中底版的製作就大功告成了。

◆ 製作木楦版型

01 在木楦底部貼上中底紙版。

02 貼合紙版時,要確實對齊木楦邊緣。

03 沿著紙版,在木楦上畫出腳心內側的線條。

04 在鞋踵的中心點畫上記號。

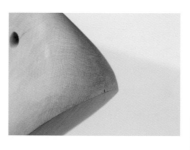

06 取下紙版,確認鞋踵與鞋頭的中心位置,以及腳心內側的線條。

05 也在鞋頭中心點做記號。

07 找到鞋口側的中心點,畫上記號。這邊是前側。

08 也在後側的中心點做記號。

09 鞋口前、後畫上記號的模樣。

10 將透明膠帶黏在塑膠板子上，在膠帶上畫出一直線。

11 將畫上直線的透明膠帶，從塑膠板上撕下。

12 將透明膠帶上的直線，對齊鞋頭和鞋口前側的記號。

13 對齊之後，將透明膠帶黏在木楦上。

重點

14 以目測的方式仔細確認，兩點間是否連成一直線。

15 以直尺確認是否為一直線。

16 鞋踵的中心點與鞋口後側，也一樣貼上畫了直線的膠帶，將兩點相連。

17 在木楦上，用美工刀在膠帶直線上，畫出刻痕。

18 腳跟部分也同樣，沿著膠帶上的直線畫出刻痕。

19 畫好直線後，撕下膠帶。

20 如此一來，木楦的中心就會留下直線。這個直線也就是之後的步驟會用到的中心線。

21 從鞋踵底部的邊緣往上約 22.8% 處（尺碼 25cm 就是 57mm 處）標上記號。

22 在記號處打入釘子。

23 釘子的位置，就是鞋後踵高度。

24 在釘子處放上捲尺，在腳長 22% 處與從中底邊線往上 18.8% 的交點，標上記號。

25 使用錐子在記號處打洞。

26 這個記號就是外踝骨下方的位置。

27 照著設計圖，將設計樣式畫到木楦上。

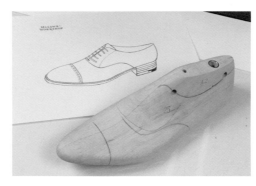

28 木楦畫上設計樣式的模樣。只在木楦外側畫上設計樣式也無妨。

◆ 將版型轉繪到透明膠膜上

在木楦上畫好基準點以及設計樣式後，使用名為「TRAN SHEET」的透明膠膜，製作「標準版型」。

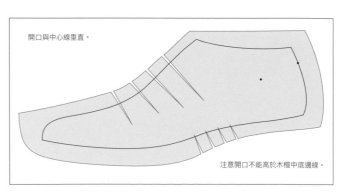

開口與中心線垂直。

注意開口不能高於木楦中底邊線。

01 先轉繪半邊的木楦至透明膠膜上。將楦頭放在膠膜上，剪下足夠的大小。

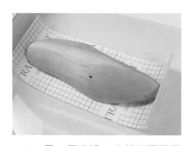

02 另一個半邊，也剪下同樣尺寸。

03 將剪好的膠膜撕下，從木楦的內側開始黏貼。

04 注意不要延展膠膜，沿著木楦的表面平整地貼，盡可能不要出現皺摺。

05 因為楦背是立體構造，很難避免膠膜出現多餘的部分，不用勉強將膠膜黏到木楦上。

06 首先，將超過（先前畫好的木楦中心線）多餘的部分，剪掉一半。

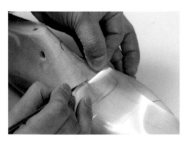

07 使用美工刀，在楦背部分的膠膜上，割出幾道相隔2cm左右的開口。

08 割出開口之後，比照前頁圖示，黏貼時在開口間留下縫隙。

09 將美工刀的刀刃沿著中心線，裁下多餘的部分。

10 撕下超出中心線的多餘膠膜。

11 使用STABILO天鵝牌鉛筆，將木楦底部邊線描到膠膜上。

12 在腳心內側，橫向裁出（與木楦底部邊線垂直的）開口。

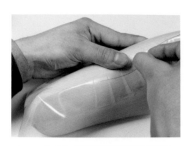

13　為了不要讓膠膜出現皺摺，黏貼時在開口間留下縫隙。

重點

14　將木楦腳心內側的線條，轉繪到透明膠膜上。

15　腳跟部分則是先貼好上緣，確實貼合中心線後，在膠膜上描出中心線。

16　先將膠膜撕下，將膠膜貼合下半部。

17　將腳跟部分的中心線下半部分的線條，描至膠膜上。

18　將腳跟底部邊緣的線條，描至膠膜上。

19　小心地將膠膜從木楦撕下，注意不要撕破。

20　將撕下的膠膜，黏在影印紙上。注意不要產生皺摺。

21　這是畫上木楦輪廓的膠膜，黏在影印紙上的模樣。

22　接下來，在木楦外側也黏上膠膜。

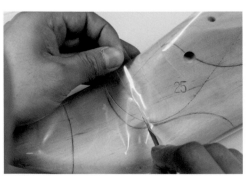

跟內側一樣，黏貼時注意不要出現皺褶。外側因為起伏較大，所以開口要剪得比較深。

23

24 沿著中心線，將超出中心線的膠膜裁掉。

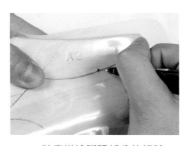

25 確實描繪腳踝部分的記號。

26 腳趾部分的設計線條等，也要一併描至膠膜上。

27 用STABILO天鵝牌鉛筆，沿著腳跟底部的邊緣描線。

28 腳跟部分跟內側一樣，先黏著上半部，畫上腳跟的記號及中心線。

29 撕下黏在上半部的膠膜，對齊下半部，描上剩下沒畫到的中心線。

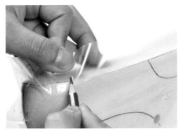

30 用STABILO天鵝牌鉛筆，沿著腳跟底部的邊緣描線。

31 小心地將膠膜從木楦撕下，注意不要撕破。

32 將膠膜平整地黏在影印紙上。

33 這是膠膜黏在影印紙上的模樣。

34 沿著膠膜的線條，用美工刀將影印紙裁下。

35 這是裁下的影印紙。內側部分也用一樣的方法裁切。

◆ 製作半邊紙板 1

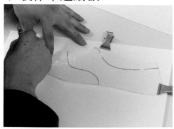

01 以0.3mm的自動鉛筆，在肯特紙上描出裁好的影印用紙的外側紙版。

02 用錐子在腳踝等重要的記號處打洞。

03 內側紙版則轉繪到較薄的紙上（為了明顯區分內外側，使用茶色的紙張），裁下。

重點

04 將內側紙版的鞋背與腳心內側，剪出數個相隔2cm左右的開口。

05 對齊外側紙版的鞋頭部分，用膠帶固定。

06 對齊鞋背部分，描出前側底部的線條。

07 貼齊腳跟底部的線條，用膠帶固定。

08 接下來，將腳跟上端的部分用膠帶固定。內側紙版通常會出現如上圖一般的皺摺。

09 將開口的地方平均地重疊，描出內側紙版鞋背部分的線條。

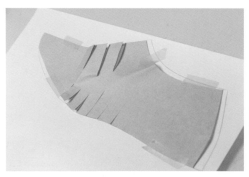

10 描出內側紙版腳跟連接處的線條。

11 畫好必要的線條後，將內側紙版撕下來。

◆ 製作半邊紙版 2

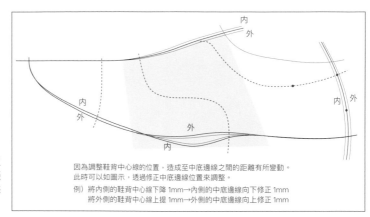

內外側的紙版轉繪完成之後，將鞋背與腳跟的線條修正至兩線中間，最後修正中底邊線。

因為調整鞋背中心線的位置，造成至中底邊線之間的距離有所變動。此時可以如圖示，透過修正中底邊線位置來調整。
例）將內側的鞋背中心線下降 1mm→內側的中底邊線向下修正 1mm
　　將外側的鞋背中心線上提 1mm→外側的中底邊線向上修正 1mm

01 在兩條鞋背線條的正中間，畫出新的線。

02 將原先內外的兩條線擦掉，留下新畫上的中間線。

03 找出兩條腳跟線條之間的中間位置，標上記號。

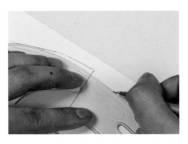

04 在 03 標好的記號處，放上曲線板，畫出中間線。

05 這是畫好中間線的狀態。

06 與鞋背部分相同，將原先內外的兩條線擦掉，留下新畫上的中間線。

07 檢查外踝骨下方的點有沒有偏移。如果有偏移，需要重新設定。

08 同樣地，也要確認後踵頂點，從後踵的中底邊線往上10%處，標上踝點。

09 鞋頭到鞋背間的線條，使用直尺重新畫出筆直的直線。

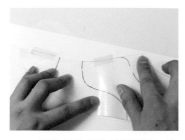

10 將先前使用的外側紙版，放到現在描繪的版型上，對齊鞋背部分暫時固定起來。

11 使用點線輪來回描出設計線條，讓線條輪廓留在紙版上。

12 在中底線下預留23mm的空間，這是為了拉幫預留的皮革寬度。

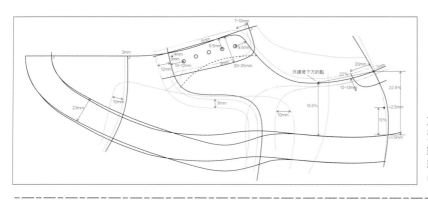

加上的寬度23mm是拉幫預留的皮革寬度。鞋後踵縫合線加上後踵內襯的材料厚度，設計線條需要和中心線垂直。

13 這是預留好拉幫寬度的狀態。

14 調整腳跟部位的鞋後踵縫合線。

15 從08標好的記號處，往外2.5mm標上記號。

16 在上側往內1mm，下側往外1.5mm處標上記號。

17 將三個點用曲線板連起來，調整鞋後踵縫合線的位置。

18 這是考量了後踵內襯材料厚度之後，所畫出的鞋後踵縫合線的位置。

19 將設計線條與中心線調整為垂直狀態。

20 以曲線板清楚地描出先前用點線輪留下的輪廓。

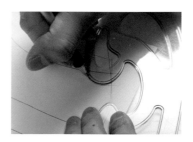

21 這就是大致上的線條。

22 為了畫出狗尾巴的線條，在鞋後踵縫合線往左20mm處標上記號。

23 鞋後踵縫合線上端往下12至13mm處，標上記號。

24 使用曲線板畫出狗尾巴。

25 這是畫上狗尾巴之後的樣子。

26 在鞋背部位線的上方，畫出一條直線。

27 在26畫出的直線下方9.5mm處的（平行）位置，標出數個點。

28 將下方9.5mm的這幾個點用線連起來。

29 這是畫好直線的模樣。這條線就是鞋帶孔（鞋帶穿過的小洞）的基準位置。

30 測量兩點之間的距離，標上等距的小洞的記號。

31 畫好的線條模樣。

32 在標記好的記號上，畫出直徑3mm的小洞。

33 維持與小洞之間的協調性，用曲線板畫出裝飾縫線的位置。

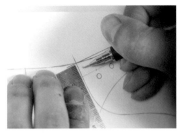

34 在設計線右側3mm、鞋背線條往下4mm處標上記號。

35 於34標記的位置，就是鞋閂小洞的位置。

36 在26畫出的直線的延伸線上，在鞋口往後7至10mm處標上記號。

37 從36的標記處，往下畫出20至28mm長的直線。

38 利用曲線板平滑的曲線部分，向前（鞋頭方向）畫出線條。

39 鞋舌的線條如圖。

◆ 描繪內裡線條

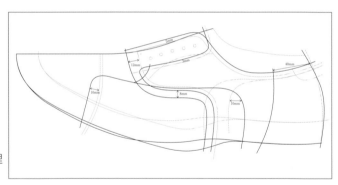

對照標準版型，確認內裡與襯片的線條。

用語解說

● 鞋頭內側 ：：鞋背的內側。 ● 鞋腰內側 ：：鞋踵的內側。

01 在設計線條外側畫出寬度12mm 的線條，這是內裡的裁剪線。

02 用曲線板重新調整 01 畫出的線條。

03 這是畫上裁剪線的模樣。

04 在 02 畫出的線條內側 8mm 處，畫出鞋頭內裡線。

05 用曲線板重新調整 04 畫出的線條。

06 將鞋頭內裡的線條一直延伸到鞋舌附近。

07 在鞋舌內側 3mm 的地方畫出鞋舌內裡。

08 使用曲線板，將鞋舌內裡與鞋頭內裡連接起來。

09 在最前端鞋帶孔的 45° 左右處，畫出弧線。

10 這是在鞋頭與鞋腰的內側畫上線條的模樣。

11 在鞋口線條上、距離鞋後踵縫合線 35 至 45mm 處，標上記號。

12 從標記處延伸畫出平緩的曲線，即為鞋腰內縫合線。

13　畫上鞋腰內縫合線的模樣。

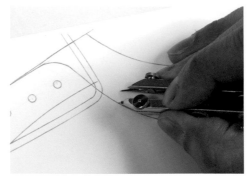

在鞋口外側（上方）5mm處，畫出一條平行的弧線。

14

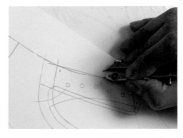

15　將此平行弧線保持5mm寬，一直延伸到鞋背上鞋腰內側的設計線條處。

使用曲線板調整線條的弧度，這條線就是鞋腰內側的裁剪線。

16

17　畫出鞋頭內裡的線條。在鞋頭設計線條內側（鞋頭側）3mm處標記號。

18　以17的標記點為基準，在鞋頭的設計線外側用曲線板畫出曲線。

19　後踵內襯的鞋面線條位於鞋口下方2mm處，在該處標上記號。

以19的鞋面線條為基準，外側後踵內襯在底邊畫上約10cm左右線條。

20

21　距離外側的襯片20mm（鞋頭方向）處標上記號。

22 在21的記號旁，用曲線板畫出內側的線條。

23 畫上內外側後踵內襯的模樣。

24 在外側（右側）後踵內襯線條10mm，在側邊內裡的後端標上記號。

25 前側在與鞋頭內襯重疊10mm處標上記號，就可以畫出側邊內裡的線條。

26 畫上側邊內裡的模樣。

27 沿著最外側的線條將紙版裁切下來。沿著直尺裁下直線的部分。

28 鞋舌到鞋口部分會出現高低差。

29 鞋背的部分裁直線。

30 鞋後踵縫合線則是沿著弧度，正確地裁下。

31 鞋後踵縫合線要裁至木楦的鞋口處。

32 底邊會有兩條線交錯，裁剪時沿著最外側的線條裁下。

33 沿著紙板最外側線條裁下的模樣。

34 以直徑 3mm 的圓斬打出鞋帶孔的小洞。

35 鞋門的小孔，則使用直徑 1mm 的圓斬打洞。

36 使用美工刀沿著紙版上的所有線條，輕輕割劃出痕跡。

37 但是，線條的起點與終點、兩條線交叉處，則不用美工刀割劃。

38 狗尾巴等比較細小的線條，也要用美工刀劃過。

39 沿著第二條線，將凸出鞋背的部分裁下也沒有關係。

40 鞋背部分裁切之後的模樣。

41 在美工刀劃出痕跡的線條上，用錐子於起點與終點處打出小洞。

42 每一條線的起點和終點，用錐子打出小洞的模樣。

43 再用錐子描畫線條，加深線條寬度。

如此一來，使用 0.3mm 的自動鉛筆描繪也比較容易。將紙版翻到肉面層也能夠看清線條。

44

● 鞋頭蓋：鞋頭的裝飾皮革。原先用來防止損傷與補強的組件，現在則是裝飾的成分居多。

如此就完成基本的標準版型。接下來，就可以根據版型，製作各部位的紙版。

45

◆ 製作鞋頭蓋紙版

01 在空白的肯特紙上畫出一條直線。

將版型的鞋背中心線對準 01 的直線，用自動鉛筆將鞋頭蓋的線條描印到肯特紙上。

02

03 鞋頭蓋底部的位置，也依照標準版型的輪廓畫出線條。

04 移開標準版型之後的樣子。

05 旋轉標準版型，對準先前畫好的鞋頭與前端的位置。

06 同樣畫上鞋頭部位必要的線條。

07 將鞋頭的線條連起來後，用美工刀裁開。

08 在裁下的鞋頭蓋紙版的後側，往內6mm處畫一條線。

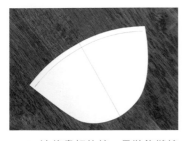

09 這條畫好的線，是裝飾縫線的位置。

10 在線上用直徑1.0mm的圓斬如圖打出小洞。

11 將洞與洞之間以美工刀裁開，使洞與洞相連。

12 透過裁切，縫線的線條就會成為一條細縫。

13 在鞋頭蓋尖端的中心點、與鞋子內側邊紙版上，切出小開口。

14 這樣鞋頭蓋的紙版就完成了。

◆ 製作前幫片紙版

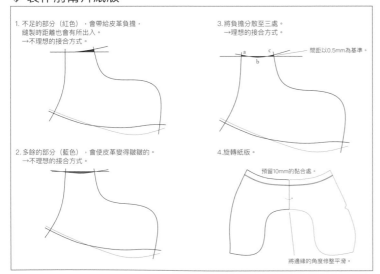

1. 不足的部分（紅色），會帶給皮革負擔，縫製時距離也會有所出入。
　→不理想的接合方式。

2. 多餘的部分（藍色），會使皮革變得皺皺的。
　→不理想的接合方式。

3. 將負擔分散至三處。
　→理想的接合方式。
　間距以0.5mm為基準。

4. 旋轉紙版。
　預留10mm的黏合處。
　將邊線的角度修整平滑。

製作前幫片紙版的提示：製作前幫片紙版的難度最高。細部的調整，手感須依靠經驗，所以需要累積某種程度的實務經驗。請參考上圖的思考方式進行打版。

01 在肯特紙上畫出一條直線，如左圖3所示，對齊之後暫時將標準版型固定起來。

02 使用自動鉛筆，將前幫片前端的線條描印到肯特紙上。

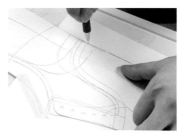

03 中底的線條有內外側之分，注意不要搞混了（參考42頁圖說）。

04 正確地將前幫片及內裡的線條轉繪到紙上。

05 這是前幫片單側的版型轉繪到紙上的模樣。

06 以最初畫的直線為基準，將紙版上下反轉，暫時固定起來，描上必要的線條。

07 這是將版型線條轉繪至肯特紙的模樣。

08 前幫片線條的中央會形成角度，往下移動2至2.5mm，標上記號（參考42頁）。

09 將曲線板放在08標好的位置上，將線條修整成較為平滑的曲線。

10 前幫片線條就會變成上圖的模樣。

11 前側加上之後用來黏合的部位，寬度為10mm。

12 這是前側部分加上寬度10mm的模樣。

13 沿著修整好的線條，用美工刀將肯特紙裁切下來。

14 如上圖所示，用直徑1.0mm的圓斬在接合線上打出小洞。

15 將洞與洞連起來，使接合線成為一條細縫。

16 如此就完成了前幫片的紙版。

◆ 製作鞋舌紙版

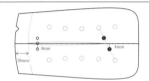

1. 預留10mm的黏合處。
2. 鞋帶孔。
3. 調整鞋門的位置。

從標準版型轉繪的紙版上，黏合處增加10mm。襟片固定的位置在距離中心線4mm的地方。

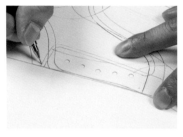

01 在肯特紙上畫出直線，將鞋舌部位的中心線對齊這條線。

02 前側描出前幫片的位置。

03 描出第一個鞋帶孔的位置。

04 半邊鞋舌畫好之後的樣子。

05 將標準版型上下反轉，畫出鞋舌另一個半邊。

06 在這一側描出第2個鞋帶孔的位置。

07 基本的鞋舌紙版畫好之後的樣子。

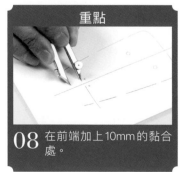

重點

08 在前端加上10mm的黏合處。

09　使用曲線板，用平緩的弧線將黏合處的線條描繪清楚。

10　將洞與洞的中心以直線連接起來。

11　在鞋門的位置上畫出直徑1mm的小洞。

12　在10畫好的線上，距離中心線4mm處畫上直徑3mm的小圓。

13　畫上鞋舌紙版所需全部線條的模樣。

14　沿著線的輪廓將紙版裁下。

15　將鞋門與在12標上記號處，使用圓斬打洞。

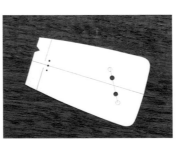

16　完成之後的鞋舌紙版。在鞋舌內側的前方切出個小開口。

◆ 製作後腰片內裡紙版

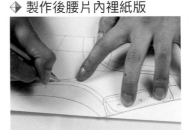

01　在肯特紙上描出後腰片部位的線條。

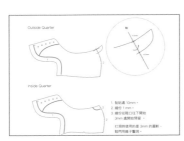

後腰片因為左右兩片的形狀不同，所以要各別描繪。

02　在後腰片前側的部分加上10mm的黏合處。

03　使用曲線板，將先前畫上的線條修飾地較為圓滑。

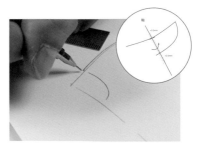

04 鞋後踵縫合線處加上1至1.5mm做為縫份，標上記號做為基準。

05 在鞋後踵縫合線旁，畫出一條寬1mm線的模樣。

06 狗尾巴部分，則在距離鞋後踵縫合線0.5mm處標上記號。

07 從記號處往外延伸出一小段線條。

08 用錐子沿著狗尾巴的線條來回壓出痕跡。

09 在狗尾巴與鞋口部分的交接處割出開口。

10 在08畫好的線上，用美工刀輕輕地切割，以此線為中心對折。

11 在對折的狀態下，描出狗尾巴的線條。

12 將對折的地方打開，內側看到的狗尾巴線條模樣。

13 將畫好的狗尾巴部分用美工刀裁開。

14 翻過來正面後，將版型以外的地方都裁掉。

15 用直徑3mm的圓斬打出鞋帶孔，直徑1mm的圓斬在鞋閂孔和線條上打洞。

16 只有在內側的狗尾巴黏合位置上割出細縫。

17 黏合處的線條上，也是將洞與洞相連起來割出細縫。

18 完成後的後腰片紙板。

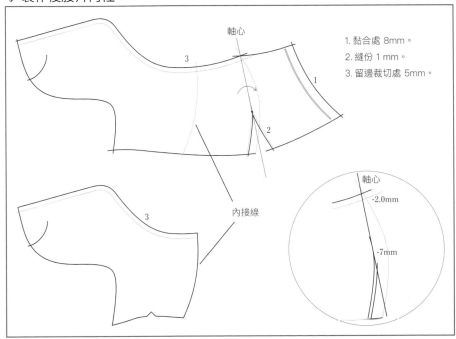

如此一來，就完成了鞋面全部的紙版。製作左右兩隻鞋時可反過來使用。

◆ 製作後腰片內裡

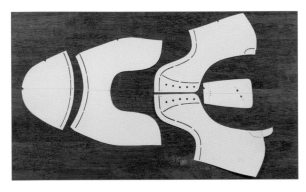

軸心

內接線

3

1

2

3

1. 黏合處 8mm。
2. 縫份 1 mm。
3. 留邊裁切處 5mm。

軸心

-2.0mm

-7mm

製作後腰片內裡的小提示：內外側的形狀不同，必須特別留意。

 01 將後腰片內裡的版型描在肯特紙上。大的是外側，小的是內側。

 02 鞋口上方加上5mm當做削邊份（超出鞋子本身，使用內裡削邊器裁去的部分）。

 03 在外側的鞋後踵縫合線向內7mm處，畫一條線。

 04 使用曲線板，修飾03畫好的線條。

 05 配合鞋口的位置，在鞋後踵縫合線內側2.0mm處標記號。

 06 將03的線條頂點與05的點連起來，用美工刀稍微割出痕跡，當做軸心。

 07 擦掉多餘的線條，將圖面整理乾淨。

 08 在06畫出來的線條下方，即鞋後踵縫合線向外1mm處畫出一條線。

 09 這條向外1mm的線條會成為之後的縫份。

 10 將內接線割出痕跡，用錐子來回壓劃。

 11 以06畫出的線為軸心，在對折的狀態下，在紙上描出10的線條。

 12 打開之後就是這個模樣（參考47頁的圖說）。

13　在11畫好的部分，加上8mm寬的黏合處。

14　使用曲線板，將黏合處的線條清楚描繪出來。

15　沿著黏合處線條，裁下外側紙版。

16　鞋後踵縫合線的部分，沿著線條外側1mm的縫份處裁切下。

17　黏合處的線條，則是使用圓斬在兩端打洞，再用美工刀割出細縫。

18　前側的線也割出細縫。

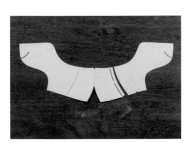

19　這是後腰片內裡完成後的模樣。

◆ 製作前幫片內裡紙版

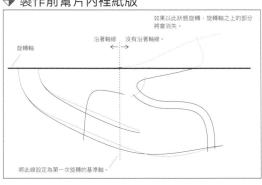

如果以此狀態旋轉，旋轉軸之上的部分將會消失。

旋轉軸　　　　沿著軸線　　沒有沿著軸線。

將此線設定為第一次旋轉的基準軸。

圖1：必須一邊旋轉標準版型，一邊將前幫片內裡超出軸心的部分收進去。

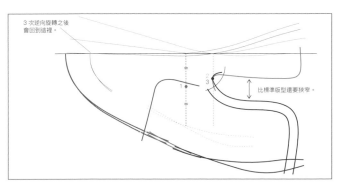

3次逆向旋轉之後會回到這裡。

比標準版型還要狹窄

圖2：如圖所示，旋轉次數可能會因為使用的標準版型大小的不同而增加。藉由3次逆向旋轉，鞋腰的各部組件的接合角度會更加趨近標準版型。

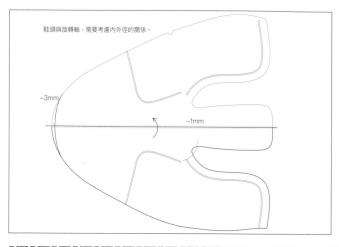

鞋頭與旋轉軸，需要考慮內外徑的關係。

−3mm

−1mm

如左圖，前幫片的內裡由
一整塊皮革構成。

01 如同製作其他紙版，在空白
的肯特紙畫上直線，用來當
做旋轉軸。

02 將標準版型鞋背前側未上
揚部分的線條，對齊這條直
線。

03 描出底邊內外側的兩條線
（畫出直尺左側的部分）。

04 底邊的兩條線畫好的模樣。
將側邊內裡的位置畫出來。

05 將標準版型的鞋門位置的上
部中心線，旋轉至與直線相
交的位置。

06 旋轉之後，再度描出底邊內
外側的兩條線。

07 確認底邊新畫上的兩條線是
向下開展的。

08 以鞋舌底部彎曲弧度最大
處，當做標準版型旋轉的軸
心。

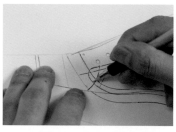

09 將鞋舌中心線和鞋舌與鞋口
的交點，旋轉到直線後，畫
上鞋舌的形狀。

10　畫上鞋舌的模樣。

11　以08同軸心，將紙版鞋頭的中心線與中底邊線上的交點，旋轉至與軸心直線重疊為止。

12　在11的狀態下，畫出與鞋舌相連的後側部分。

13　整理底邊的線條，將多餘的線條擦拭乾淨。

14　將內外側的線條，都整理成一條線的狀態。

15　調整鞋舌彎曲及雙重線，讓線條乾淨俐落。

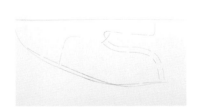

16　這是將旋轉標準版型而造成的複數條線，整理乾淨之後的模樣。

17　用美工刀沿著中心線上，割出細細的刻痕。

18　鞋頭處向內縮3mm，再用曲線板修飾線條。

19　在中心線下方1mm處再畫一條線。18、19的微調，因為拉幫時會留下多餘內裡。

20　前幫片內裡畫好單側的模樣。

21　裁切前幫片內裡時，要沿著最外側的線條。

22 鞋舌部分也沿著先前整理好的線條裁下。

23 只裁下單側的模樣。

24 沿著中心線將紙板對折。

25 對折之後反轉的狀態下,可以描出紙版的輪廓。

26 使用點線輪,描出底邊內側的線條。

27 使用曲線板,把點線輪描出的線條再描繪清楚。

28 先裁下外側線條。

29 裁下外側線條後,再裁下內側相交的線。

30 前幫片內裡的輪廓模樣。

31 沿著中心線對折,在側邊內裡黏合線的起點和終點,各打出1mm的小洞。

32 兩洞之間用美工刀割開,使黏合線變成一條細縫。

33 黏合處也挖開細縫,前幫片內裡就完成了。

◆ 製作側邊內裡紙版

01 將標準版型放在肯特紙上，描出側邊內裡的線條。

02 側邊內裡的輪廓。也畫上內側用的部分。

03 使用曲線板修飾線條，將線條描繪清楚。

04 沿著線條將紙版剪下，在內側紙版切出開口。

◆ 製作鞋頭內襯紙版

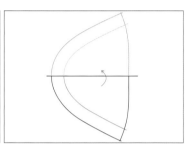

中底邊線

放在鞋頭的襯片。為拉幫預留9mm的皮革，製作出以中心線為軸心左右相互對稱的形態。

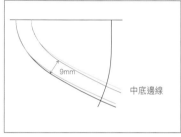

01 將肯特紙上的直線與標準板型的中心線對齊，畫出標準版型的鞋頭部分。

02 畫好單側之後，將標準版型反轉，對齊已經畫好的線條。

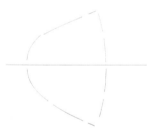

03 將反轉以後的鞋頭部分畫好後，就是上圖的模樣。

04 在鞋頭外側畫出寬9mm的線條，這是為拉幫時預留的皮革。

05 使用曲線板，清楚描繪出04畫好的線條。

06 畫上預留拉幫空間的狀態。這就是鞋頭內襯的形狀。

07 沿著線條裁切。

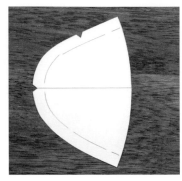

鞋頭內襯的紙版形狀。
在前端與內側切出開口。

08

◆ 製作後踵內襯紙版

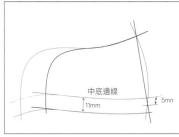

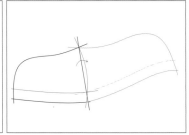

放在後踵部位的襯片。在下方為拉幫時預留11mm的皮革。

01 在肯特紙上畫出標準版型的
後踵內襯線條。

02 後踵內襯的線條輪廓。以此
為基準,將紙版反折,製作
出另一邊的襯片。

03 在底邊線條5mm下方處標
上記號。

04 將03的記號與鞋後踵縫合線
的頂端,以直線相連。

05 底邊的線條(中底邊線)的
下方預留11mm的皮革。

06 使用曲線板,將拉幫預留
皮革部分的線條清楚描繪出
來。

07 沿著最外側的線條,裁下後
踵內襯的單邊紙版。

08 沿著為拉幫預留的線條，將紙版裁切下來。

09 單邊後踵內襯裁下後的模樣。

10 以04畫出來的線條為中心，將紙版對折。

11 對折之後，沿著先前裁好的部分，描出輪廓。

12 打開之後的模樣。

13 沿著畫好的線條，裁切剩下的半邊紙版。

14 沿著先前畫好的內側線，裁切下來。

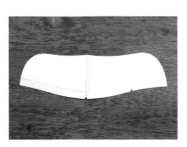

15 後踵內襯完成之後的模樣。在內側與中心點切出開口。

◆ 製作鞋跟紙版

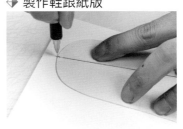

01 將中底紙版放在肯特紙上，畫出後踵的部分。

02 在中心的位置標上記號。

03 以02為基準點，畫出中心線。

04 鞋跟紙版的縱長，應在腳掌長度24%至28%的範圍內。

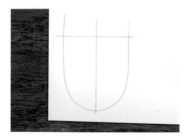

05 鞋跟紙版的基本輪廓。

06 在輪廓外緣3mm處畫線。

07 使用曲線板，將06的線條清楚地描繪出來。

08 裁切時，腳心一側留下較多的紙版。以美工刀在中心位置輕輕地割出痕跡。

09 將紙版對折成兩半。

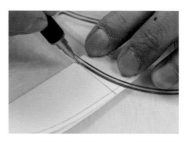

10 使用曲線板，在04畫好的線條旁畫出腳心一側的輪廓，弧度依個人喜好決定。

11 在對折的狀態下沿著10的線條裁下。

12 鞋跟紙版完成的模樣。

◆ 製作腳跟墊紙版

01 將中底紙版放在肯特紙上，描出輪廓。

02 在畫好的輪廓外緣3mm處畫線。

03 將02畫好的線條，以曲線板畫出清楚的線條。

04 腳跟墊的長度，大約是腳掌長度的40%。

05　只要決定好長度即可,前側的線條形態設計上是很自由的。

06　沿著畫好的線條裁下,腳跟墊就完成了。

鞋子完成之後,才能確認紙版的完成度高低

鞋子完成之後,才能確認打版製作是否確實。對於製鞋師來說,打版製作可以說是最困難也最開心的步驟。

為了確認版型的暫時拉幫

專業的製鞋師完成打版之後,並不會馬上進入製鞋的程序。而是為了確認版型,利用製鞋時無法使用的皮革,做出臨時的鞋面,預先進行拉幫作業。

使用有皺摺或損傷等無法在正式製鞋時派上用場的皮革,製作臨時的鞋面,將其置放在木楦上。

跟正式製鞋時一樣,在木楦上進行拉幫。

首先,是大致在周圍打入釘子,將臨時的鞋面固定在木楦上。

為了正確調整版型,必須確實拉緊內裡進行拉幫。

同時拉緊鞋面與內裡的皮革,使鞋背部分完全貼合木楦。

雖然不是正式的拉幫,也要適當地打入釘子,使鞋背部分能夠完全貼合木楦。

完成暫時拉幫的模樣。

在臨時的鞋面上修正線條,以此進行紙版的細部調整。

畫線及標記時使用的工具

指在紙版上標記或是畫線時使用的工具。在正確的位置上標記或是畫線，是製鞋基本的作業，所以作業時請依照用途，使用適當的工具。

自動鉛筆（0.3mm）

在紙版上畫線時使用。因為用來轉繪標準版型上的裁剪線，所以使用筆芯直徑0.3mm的自動鉛筆。

STABILO天鵝牌鉛筆

能夠在膠膜上，清楚地畫出線條的德國STABILO公司製作的色鉛筆。將木樁的基準線轉繪到膠膜上時使用。

曲線板

繪製曲線時使用。將從標準版型轉繪的線條，描出清楚的曲線。

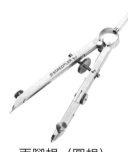

直尺

用來仔細描繪直線、測量基準點的位置時使用。

兩腳規（圓規）

從邊緣等距測量出距離、在相等間隔處標記時使用。

游標卡尺

削薄加工時確認裁片的厚度等，測量厚度時使用。

銀筆

將紙版轉繪到皮革上，直接在皮革上標記號時使用。

捲尺

能夠測量彎曲處的長度，一種塑膠材質的測量工具。

銀筆間距規

裝上銀筆的筆芯，此工具可以直接在皮革上，畫出等距的記號或線條。

拉溝器

想要將縫線埋在皮革裡時，在皮革上拉出溝槽的工具。將工具沿著邊緣，可以開出等距的溝槽。

點線輪

附在前端的齒輪，可以壓出點線狀的小洞。用來轉繪紙版上的線條。

製作鞋面

依據打版好的紙版轉繪出各部位形狀，經過裁剪、削薄加工、組合，進而製作鞋面。因為鞋面各部位在裁剪時，即預設組合後會成為立體的形態，所以作業完成後，就能夠窺見鞋子的原型。基本上，鞋面的縫製都是利用針車機進行。

各部位的裁切

依照打版好的紙版，在皮革上進行裁切。鞋身使用的是厚度1至1.5mm鉻鞣皮革，內裡使用植物與鉻混合鞣製的皮革。鞋身取用的是皮革上沒有損傷、纖維緻密的部位。考慮到鞋子各部分的伸展方向，也必須注意下圖所示皮革纖維的生長方向。裁切時，使用銀筆在皮革表皮畫出紙版的輪廓後，先用剪刀裁下粗略的大小（粗裁），而後使用裁皮刀，沿著紙版的線條裁下確切的大小（細裁）。因為皮革是天然素材，所以說每一張皮革的特質都不同，也不為過。所以開始製作前，必須好好確認皮革的性質與狀態。

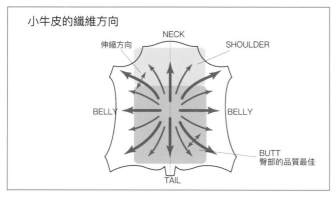

小牛皮的纖維方向

伸縮方向　NECK　SHOULDER
BELLY　BELLY
BUTT　臀部的品質最佳
TAIL

了解皮革的纖維方向及密度，裁出最適合該部分的皮革部位。

◆ 紙版的描製

01 鞋身的鞋面部分使用的皮革。準備完整沒有裁切過的皮革，攤開來確認狀態。

02 試著用手拉扯皮革，確認纖維方向與狀態。

03 考慮皮革的纖維方向及部位，將紙版配置在皮革上最適當的位置。

04 這是鞋面部分的所有紙版配置在皮革上的模樣。

05 用銀筆將紙版的輪廓畫在皮革表皮。

06 先前已經割出細隙的縫線與黏合部位，補上線條。

用語解說

● 內裡：鞋子的內襯。鞋身內面是皮革皮面層。

07 在皮革表皮上輕輕地描線，以避免留下銀筆的壓痕。

粗裁

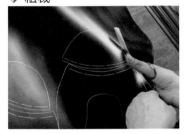

01 沿著描好線條的再稍微外側處，裁下粗略的大小。

08 這是描上鞋面部分所有版型的模樣。因為是將紙版左右反過來畫，後續必須注意不能弄錯方向。

02 除了經驗豐富的人以外，在大張的皮革上直接剪裁，有其風險存在，並不建議。

03 內裡雖然不需要像鞋身一般重視皮革的狀態，但也要盡可能選擇狀態良好處。

04 在描好的線條外側進行粗裁。

05 也描上各部分的內裡。

06 粗略地裁下各部分的內裡。

07 側邊內裡使用的是輕薄堅固的豬皮。在皮革皮面層描繪出紙版形狀後粗裁。

08 粗裁後，鞋面部分的鞋頭蓋與前幫片。

09 粗裁後，鞋面部分的後腰片與鞋舌。

10 粗裁後的前幫片內裡。

◆ 細裁

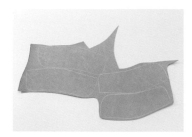

11 粗裁後的後腰片內裡與腳跟墊。

12 粗裁後的側邊內裡。

01 細裁鞋面的前幫片。使用裁皮刀，沿著紙版線條的內側剪裁。

02 鞋頭蓋的後側以鋸齒剪刀裁下。

03 鞋頭蓋的前側以裁皮刀沿著線條裁下。

04 後腰片包含狗尾巴的部分也要正確裁下。

05 內裡的皮革比較薄，所以如果裁皮刀不夠銳利，就會出現皺摺，需要特別注意。

06 裁切內裡的時候，重點是確實壓緊皮革。

07 因為側邊內裡使用的豬皮也很薄，所以裁切時要壓緊。

用語解說

● 鞋口補強帶：放置在鞋口皮面層周圍與內裡之間，防止伸縮的膠帶。

◈ 鞋面部分

這是單隻鞋鞋面各部位的裁片。長條形皮革即為鞋口補強帶，從與鞋身相同皮革裁下，長度為15mm×500mm。

◈ 內裡部分

這是單隻鞋內裡各部位的裁片。因為與鞋身貼合的是皮革肉面層，所以實際上，鞋子內側是皮革表皮。

裁片的削薄加工

裁片與裁片疊合處,自然會變得比較厚。而削薄加工就是為了避免厚度增加,而調整皮革厚度。因為製鞋時最多只需要重疊兩塊皮革,所以疊合部分的下方,需要完全削薄到不增加厚度的程度。以傾斜的角度進行削薄,開始削薄的邊緣部分厚度是零,終端10mm的位置則維持原先的厚度。如果削薄加工的成效不佳,多餘的厚度會導致穿著時有不適感。削薄的作業,雖然可以使用裁皮刀進行,不過如果能夠利用削薄機,還是最理想的狀態。

◆ 鞋頭蓋的削薄加工

01 雖然也能夠以手工方式削薄,不過如果有削薄機,可以大幅提高工作效率。

02 在鞋頭蓋肉面層與前幫片黏合處進行削薄加工。

03 削薄之前的鞋頭蓋肉面層。

04 在鞋頭蓋的後側部分,於邊緣5mm處,傾斜角度削薄1/3。

05 皮革肉面層削薄加工之後的狀態。

◆ 鞋舌的削薄加工

01 鞋舌的前側(照片上方)肉面層進行削薄加工。

02 削薄加工前的鞋舌肉面層。

03 在前側部分的肉面層,以傾斜的角度將邊緣10mm的部分削薄。

04 鞋舌前側削薄後的狀態。

◆ 前幫片的削薄加工

01 前幫片是在與鞋頭蓋黏合部分的肉面層進行削薄加工。

02 加工前的前幫片肉面層。

03 在前幫片前端的肉面層，從後方以傾斜的角度，將邊緣10mm的部分削薄至0mm。

04 削薄加工後的前幫片肉面層。

◆ 後腰片的削薄加工

01 後腰片是在與前幫片、狗尾巴以及鞋口的黏合處，進行削薄加工。

02 加工前的後腰片肉面層。

03 後腰片需要在彎曲處進行削薄加工，所以作業時需要注意削薄的厚度是否平均。

04 加工後的後腰片肉面層。照片右側的內側部分，與狗尾巴黏合的部分需要削薄。

◆ 鞋口補強帶的削薄加工

01 鞋口補強帶也需要進行削薄加工。

02 加工前的鞋口補強帶肉面層。

03 鞋口補強帶從左右往中心，以傾斜的角度進行削薄加工。左右端點削薄至0mm。

04 加工後的模樣，因為是從左右向中心傾斜地削薄，所以會呈現如「山」形起伏。

◆ 配合手工削薄

01 在使用削薄機之後，再以手工削薄。

02 狗尾巴面積太小無法進行機械加工，改用裁皮刀在肉面層傾斜地削薄加工。

03 為了讓碰觸到鞋背的鞋舌部位觸感較佳，所以將橫向部分從下往上傾斜地削薄。

◆ 後腰片內裡加工

後腰片是在狗尾巴與前側的部分進行加工。
01

後腰片內裡肉面層加工前的模樣。
02

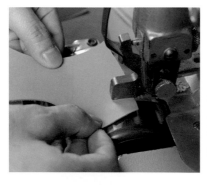

在外側黏合處，以傾斜的角度削薄。
03

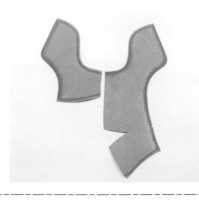

黏合處與鞋口部分削薄之後的模樣。
04

◆ 前幫片內裡加工

01 使用削薄機將前幫片的內裡削薄。

02 前幫片內裡的肉面層。在後腰片疊合的部分進行加工。

03 因為內裡很薄，使用削薄機時需要較高的操作能力，建議手工削薄，效果較好。

◆ 腳跟墊的加工

02 加工前的腳跟墊肉面層。

01 以傾斜的角度，將腳跟墊距離前方邊緣10mm的部分削薄。

04 肉面層削薄後的模樣。

◆ 以手工進行削薄作業

03 肉面層加工後的模樣。

因為內裡的皮革很薄，所以特別講求準確度的地方，以手工的方式進行削薄加工。

01

◆ 後腰片的後續加工

01 在後腰片內裡的前端，沿著紙版所標示的線條位置切開。

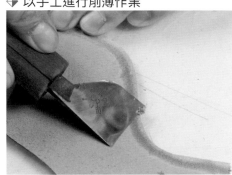

在割開處的肉面層進行削薄加工。

02

03 割開處肉面層的周圍，削薄之後的模樣。

左右兩側都要進行削薄作加工。

04

◆ 側邊內裡加工

01 削薄側邊內裡肉面層的上邊與側邊。

02 側邊內裡的肉面層。務必正確分辨豬皮的表皮及肉面層。

03 因為皮革質地柔軟，削薄時要小心，不能讓刀刃削割到皮革表皮。

04 肉面層削薄之後的模樣。

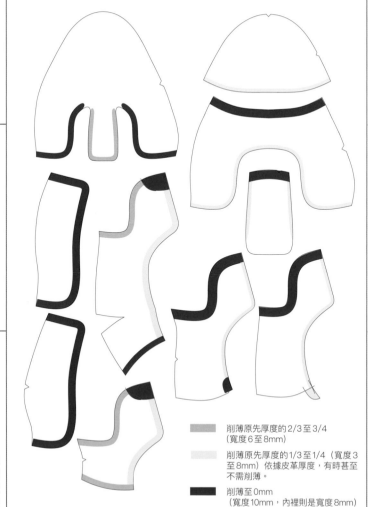

各皮革裁片削薄時的參考基準。削薄作業的確實與否，將會大幅度影響鞋子穿著時的舒適度。

■ 削薄原先厚度的2/3至3/4（寬度6至8mm）

■ 削薄原先厚度的1/3至1/4（寬度3至8mm）依據皮革厚度，有時甚至不需削薄。

■ 削薄至0mm（寬度10mm，內裡則是寬度8mm）

製作鞋面

　　將先前完成裁切及削薄加工的各部位裁片,進行拼組及縫合。進入鞋面製作後,平面的裁片就會一步步變得立體,最終成為鞋子的形態。縫製時會使用針車機,所以大前提是操作針車機的能力。因為縫製工作是將各裁片邊緣縫製起來,所以需要會使用針車機進行縫合的技術。實際上,就連擔任本書監修的三澤先生,都以「只有在身體狀況十分良好,注意力集中的日子才能進行」來形容。由此可知,製作鞋面是多麼需要全神貫注、小心謹慎的工作。

◆ 鞋面的預先處理

01 使用碎玻璃片或是較粗的砂紙,摩擦裁片皮面層的黏合處,使黏合處變得粗糙。

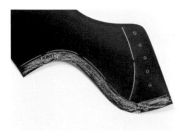

02 如果黏合處沒有經過預先的處理,作業過程中可能會有剝落鬆脫之虞。

03 磨粗後腰片的前側部位,也就是與前幫片黏合的位置。

04 磨粗前幫片與鞋頭蓋黏合的部位。

重點

05 用打火機燒掉皮革裁切後形成的毛邊。

06 在後腰片的鞋口邊緣,塗上邊油整理毛邊。

07 鞋舌的上方也會出現毛邊,也必須事先塗上邊油。

08 在鞋頭蓋上標示出裝飾孔的位置。在裝飾縫線的外側,以8mm的間距標出記號。

09 在08標示好的位置上打出直徑2.5mm的大孔。

10 在鞋頭蓋上打好大孔的模樣。確認孔與孔之間的間隔大小是均等的。

11 在大孔與大孔之間，使用直徑1mm的打孔器打出兩個小孔。

12 打上小孔的模樣。小孔的位置與間隔，也需要整齊一致。

13 在鞋舌上打出鞋帶孔。在紙版標上記號處，用打孔器打出直徑3mm的小孔。

◆ 製作後腰片內裡

14 打上小孔的鞋舌。接下來，暫時將重心放在處理內裡裁片。

01 準備後腰片內裡內外兩側的裁片。

02 在兩片裁片的黏合處，即內側裁片的肉面層與外側的表皮塗上橡皮膠。

03 將黏合處重疊，將內外側的後腰片內裡黏貼起來。

04 用鐵鎚敲打黏合的部位，使其緊實貼合。

05 黏好內外側的後腰片，內裡後就會是這個模樣。

06 在黏合部分的鞋口往下8mm處，黏合處往內5mm處標上記號。

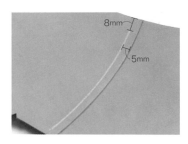

07 在記號的下方，用銀筆間距規畫上縫線位置。

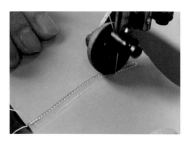

08 從黏合處邊緣開始車邊至06記號處，再橫向銀筆畫上的縫線處，繼續車邊。

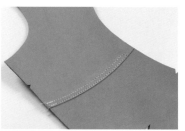

09 後腰片內裡縫好的模樣。車線時其實是從黏合處下方開始往上車出一個「ㄇ」的形狀，再往下車線。使用的縫針是TF×F8的11號，縫線是#30。之後所有的針車作業、拉幫預留的皮革處，都是3針回針縫。

10 對齊表皮邊，沿著鞋後踵縫合線對折。

11 將開口的部分沿邊縫合起來。

12 將開口處縫合起來之後，便會呈現圖中模樣。上方不用回針縫，留下約2cm的線頭。分縫使用的縫針是TF×6的10至11號。

13 縫合在一起後，從皮面層看是這個模樣。

14 再度對折，將縫線邊多餘的皮革貼著縫線裁下。

15 於裁下皮革的邊緣塗上橡皮膠。

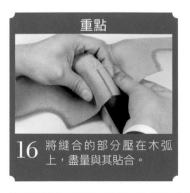

重點

16 將縫合的部分壓在木弧上，盡量與其貼合。

17 使用鐵鎚較狹窄的那端，仔細敲打皮革，將斷面整平。

18 斷面變得較為平坦時，換成鐵鎚較寬的那端用力敲打，務必使皮面層變得平整。

19 肉面層變得平整後，翻回皮面層，放在木弧上用鐵鎚敲打，使縫線變得明顯。

20 必須敲打到如上圖一般，能夠清楚看見縫線。

21 後腰片內裡完成後，暫且擱在一旁。

◆ 後腰片的縫製

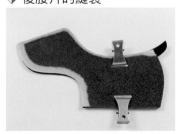

01 將鞋身內外側的兩片後腰片皮面層相對，用夾子暫時固定起來。

02 狗尾巴根部位置開始，進行往回1針的回針縫。縫針是TF×6 的10號，縫線是#30。

03 鞋身後腰片的鞋後踵縫合線，縫合好之後的模樣。

04 這裡沒有縫合的狗尾巴部分，之後會再縫上。

05 將單側穿出的縫線留下約2mm，剪掉多餘線頭。

06 收線時，用打火機燒熔剩下的線頭。

07 在縫合後的斷面塗上橡皮膠。

08 與內裡工序一樣，將後腰片盡量貼合木弧。

09 使用鐵鎚較狹窄的那端，仔細敲打皮革，將斷面整平。

10 敲到斷面變得較為平坦時，換成鐵鎚較寬的那端用力敲打，務必使皮面層變得平整。

11 肉面層側變得平整後，翻到皮面層，放在木弧上。

12 用鐵鎚敲打使縫線變得明顯，使鞋型愈見立體。

13 必須敲打到皮面層能夠對折成兩半一般，清楚地看見縫線的痕跡。

14 在狗尾巴的部分塗上橡皮膠。

15 將狗尾巴對齊之後黏起來。

16 開縫之後，鞋身後腰片的鞋後踵縫合線，就會是這個模樣。

17 在鞋後踵縫合線的肉面層黏上尼龍膠布補強。

18 注意黏貼在接合處的補強膠布必須平整，不能出現皺摺。

19 從狗尾巴處開始縫合到鞋後踵縫合線處。起針是回針縫法。

20 持續回針縫法到最後，將線頭從肉面層穿出來。

21 剪下多餘線頭，剩下2mm的部分則用打火機燒熔收線。

22 鞋後踵縫合線完成的模樣。

◆ 加上裝飾縫線

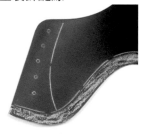

01 在後腰片的前端加上裝飾縫線。

02 要注意仔細沿著事先畫好的縫線位置，車上縫線。

03 鞋口側的線要以回針縫處理，線頭由肉面層穿出，用打火機燒熔收線。

04 加上裝飾縫線的模樣。

◆ 黏上鞋口補強帶

01 在鞋口部位的肉面層塗上橡皮膠。

02 沿著鞋口的肉面層邊緣貼上補強膠布。

用語解說

● 菊寄：在轉彎處製作出放射狀的細小皺摺，是皮革收邊的做法。

03 貼上補強膠布的模樣。

04 在鞋口補強帶的肉面層塗上橡皮膠。

05 將鞋口補強帶肉面層相對，向內對折。

06 對折後的鞋口補強帶，用鐵鎚敲打使其緊實貼合。

07 將對折成一半的鞋口補強帶的其中一面，用玻璃片磨粗。

08 在粗糙面塗上橡皮膠。

09 在後腰片的鞋口部位塗上橡皮膠。

10 沿著鞋口貼上鞋口補強帶，在轉彎的地方留下皺摺。

11 沿著鞋口黏好後，就可以剪掉超出鞋口的多餘膠布。

12 將在轉彎處留下的皺摺，壓成數條細小的皺摺（菊寄）。

13 以鐵鎚敲打菊寄處，盡量將皺褶壓平。

14 為了盡量不增加厚度，以傾斜的角度將膠布邊緣削薄。

◆ 縫製後腰片與內裡

15 削平菊寄收邊的轉彎處突出來的皺摺。

16 鞋口補強帶上變白的部分，就是削薄處。

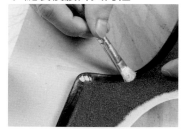

01 在黏上鞋口補強帶的鞋口肉面層塗上橡皮膠。

02 後腰片內裡的鞋口部分也塗上橡皮膠。

03 後腰片內裡因為已經預留了皮革的裁邊，所以黏起來之後會凸出約5mm。

04 將後腰片的鞋身與內裡黏貼好之後，使用打孔器打出3mm的鞋帶孔。

05 後腰片的鞋身與內裡黏貼之後的模樣。

06 將打上鞋帶孔的內裡先剝下來，從內側裝上圓釦。

07 將全部的鞋帶孔如圖示裝上圓釦。

08 使用菊花斬固定圓釦。

09 使用鐵鎚敲打固定好的圓釦處，使其變得平坦。

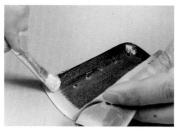

10 在剛剛剝下的的鞋口部位，再次塗上橡皮膠。

11 再次將鞋身與內裡黏好之後，用鐵鎚敲打壓實。

12 縫合之前，用鐵鎚敲打鞋口四周，使鞋身與內裡的皮革緊密貼合。

13 沿著鞋口邊緣處縫合。

14 鞋口部分縫合完成的模樣。縫合後的內裡與鞋身合為一體。

15 在凸出鞋口部分的多餘內裡處剪出開口。

16 使用內裡削邊器，從開口處裁下多餘的內裡皮革。

17 盡量緊貼著鞋身的皮革邊緣，將多餘的內裡裁下。

18 裁下多餘內裡皮革的模樣。後腰片的基本形態也就成形了。

19 使用直徑1mm的圓斬，打出鞋門的小孔。

20 用細繩穿過鞋帶小孔，暫時固定。

21 一邊壓緊襟片一邊穿過細繩，襟片間才不會出現縫隙。

22 確實綁緊細繩，襟片才不會外開。

穿過細繩打好結，後腰片暫時維持這個狀態。
23

◆ 縫製前幫片與後腰片

01 在前幫片與鞋頭蓋的黏合處塗上橡皮膠。

02 鞋頭蓋與前幫片黏合處（肉面層側），也塗上橡皮膠。

03 將前幫片與鞋頭蓋從中央往兩側黏貼。

04 用鐵鎚敲打壓緊前幫片與鞋頭蓋的黏合處。

在鞋頭蓋黏合處邊緣、裝飾雕孔及縫線上，用針車縫合。
05

06 前幫片與鞋頭蓋縫合完成的模樣。這是特別需要高度縫紉技巧的部位。

07 在後腰片前方與前幫片的黏合處塗上橡皮膠。

08 前幫片上的黏貼位置（肉面層側），也塗上橡皮膠。

09 為了維持後腰片的形態，如同圖片所示將其套在膝蓋上。

10 將前幫片的正中央對齊襟片中線，從中央往兩側黏貼。

11 緊密地沿著黏合線，仔細地黏貼。

12 一直到尾端若能確實黏合，看起來也會越立體。

13 用鐵鎚敲打壓實黏合部位。

14 把後腰片的內裡從鞋口部分拉出來。

15 從鞋子內部看拉出後腰片內裡的模樣。維持這個狀態縫製鞋身部位。

16 在前幫片的黏合處邊緣,將前幫片與後腰片縫在一起。

17 前幫片與後腰片縫合好的樣子。幾已可見鞋子的外型。

18 鞋子內部的模樣。內裡只有前端一部分跟鞋身縫在一起。

◆ 裝上鞋舌與鞋門

01 在前幫片內裡的鞋舌部位塗上橡皮膠。

02 在鞋舌的肉面層塗上橡皮膠。

03 在前幫片內裡黏貼側邊塗上橡皮膠。

04 在側邊內裡的肉面層塗上橡皮膠。

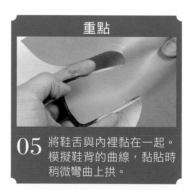

重點

05 將鞋舌與內裡黏在一起。模擬鞋背的曲線,黏貼時稍微彎曲上拱。

06 用鐵鎚敲打黏合好的鞋舌部位,使其密合。

07 在鞋舌周圍的三邊畫出距離邊緣5mm的縫線位置。

08 沿著07畫上的縫線,將鞋舌周圍縫製起來。

09 縫合到最後的線回到上一針的位置（回針縫），將縫線穿出到皮面層。

10 將穿到皮面層的線頭燒熔收線。

11 鞋舌與前幫片內裡縫合在一起的模樣。

12 整體來看，鞋舌黏貼在前幫片內裡肉面層的模樣。

13 使用直徑1mm的圓斬，在鞋舌上預先標好記號處挖出鞋門孔。

重點

14 鞋門孔有3個。接著會與襟片上打好的小孔位置疊合起來。

15 將前幫片的內裡與鞋身部位固定。

16 使用夾子暫時將鞋身與內裡的邊緣固定。

17 如圖所示，使用夾子暫時將三邊固定起來。

18 利用針線對齊鞋身與內裡上的鞋門位置。

19 將穿過邊緣小孔的線穿出皮面層後，再穿到另一側的小孔。

20 從鞋子內側看19的模樣。留下約20mm的線頭。

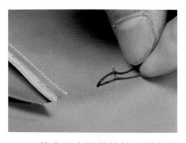

21　將穿回肉面層的針，刺穿先前留下的線頭。

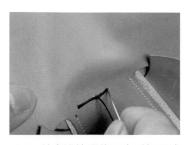

22　針穿過線頭後再穿近相反邊的孔。

23　與19的步驟相同，將穿到皮面層的針再穿到另一側的小孔。

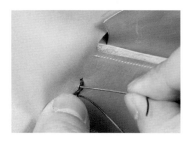

24　將穿回肉面層的針穿進正中間的小孔。

25　從正中央小孔穿出的針，跨過先前的橫向縫線，再穿進同樣正中央的小孔。

26　皮面層的線就會像圖一樣，橫向的縫線穿過中央縱向縫線。

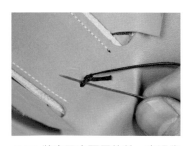

27　將穿回肉面層的針，穿過先前的縫線。

28　穿過線之後打結。

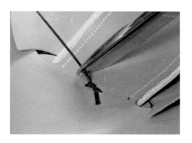

29　打了結之後，將多餘的線剪掉。

30　用打火機燒熔線頭部分，並且固定。

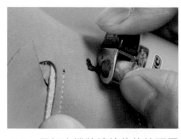

31　用打火機將燒熔後的線頭壓平。

32　用鐵鎚敲打，盡可能使線頭平整。

33 固定好鞋門的模樣。這麼一來，也能決定前幫片的內裡位置。

34 與後腰片內裡黏合的前幫片內裡黏貼處，塗上橡皮膠。

35 後腰片內裡的黏貼處也塗上橡皮膠。

36 黏合前幫片與後腰片內裡。

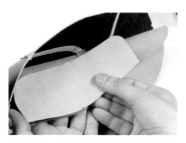

37 黏上先前已塗好橡皮膠的側邊內裡。

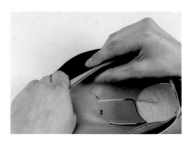

38 黏貼時，將側邊內裡稍微做出一點弧度貼合鞋身。

39 縫合之前用鐵鎚敲打黏合處部位，幫助密合。

40 在距離黏合處邊緣5mm處畫上雙縫線。

41 將鞋身往內側推進去，露出內裡。

42 沿著40畫出的線條縫合。注意縫製時要對齊縫線。

43 黏合處的邊緣同樣也進行縫合。另一側也重複同樣動作。

44 縫製完成後，處理留在肉面層的線頭。

45　縫好內裡後,將內裡翻回鞋身內面,調整內裡的位置。

46　確認鞋身與內裡之間沒有縫隙。

47　內裡縫合好的部分放回原位就是這個模樣。

48　鞋面的製作就完成了。以上的製作過程,塑造出鞋子基本的形狀。右側鞋面也是一樣的做法。

拉幫

將加工後的中底和木楦貼合，並將鞋面套在木楦上，使用鳥嘴鉗在底部進行皮革的拉幫。藉此讓鞋背與鞋跟更順著木楦形狀，鞋型能夠更加貼合。藉由慢慢縮小拉幫間隔，確實讓鞋型塑造出木楦的形狀。

製作中底

　　中底是鞋子內側底部直接與腳接觸的部位。中底的皮革必須具有某種程度上的厚度與強度，所以 MISAWA & WORKSHOP 選擇以植物單寧酸揉製的皮革。中底素材的堅硬度與厚度，將會左右穿著時的舒適與否，所以選擇材料時必須特別注意。因為鞋面拉幫時需要中底，所以將中底製作的步驟放在「拉幫」的類別中解說。使中底沿著木楦邊緣切齊密合，在中底底部挖出之後在彎鉤縫法時需要的溝槽。使用裁皮刀會稍微有點困難，可以先利用皮革邊緣的部分練習。

◈ 中底的定型

01　中底所使用的皮革，是厚度達 4mm 以上的植物單寧酸揉製的皮革（肩膀部分）。

02　放上中底的紙版，沿著邊緣畫線。

03　除了腳心內側以外，沿著線條外側粗裁。

粗裁後的中底。

04

05　用碎玻璃片刮下皮革的皮面層。

06　刮下之後，用比較粗的砂紙摩擦皮面層，使表面更為粗糙。

表面刮粗之後的中底。

07

08　用水將一整面的皮面層皮革沾濕。

09　將皮革皮面層側沿著腳心內側的線條，與木楦對齊。

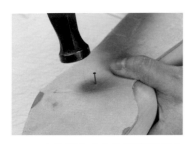  

10 在底部的中心位置附近打入釘子，以決定位置。

11 對齊腳心內側的位置後，在鞋踵附近再打入一根釘子。

12 鞋頭側也打入釘子，固定中底的位置。

 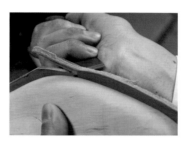 

13 釘子不需要打太深，如圖將凸出來的釘子敲平折彎。

14 將超出木楦底部的皮革，盡量沿著木楦進行裁切。

15 鞋踵處也盡量沿著木楦底部邊緣裁切。

16 為了使中底皮革定型，使用橡膠布從鞋頭處開始纏繞。

17 因為需要施加某種程度的壓力，所以要確實伸展橡膠布，再進行纏繞。

18 從頭到尾纏繞完畢之後，再確實打結。

放置一晚，讓中底皮革完全貼合木楦定型。

19

◆ 中底的成型

01 將橡膠布撕下，確認中底是否完全貼合木楦。

02 從側面檢查中底，是否呈現出與腳心一致的曲線形態。

03 將中底外圍的皮革緊貼著木楦邊緣裁下。

04 從木楦邊緣的上方檢查，將凸出的中底沿著邊緣慢慢地裁切下來。

05 鞋頭與鞋踵的部分也要確實裁切整形。

重點

06 中底的形態與木楦完全一致。

07 將固定中底及木楦的釘子拔下，取下中底。

08 將裁皮刀靠在中底前端部分，輕輕地裁整邊緣部分的皮革。

09 中底的基本形態就完成了。

◆ 在中底上挖出溝槽

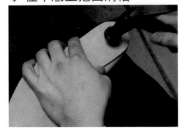

01 再次用釘子將中底固定在木楦之上。

02 再將中底紙版放在中底的底部。

03 將紙版上腳掌內外側最寬處的記號，描到中底上。

04 將紙版移開，將腳掌內外側最寬處的兩個記號，用線連起來。

05 以04的直線為準，在線後側腳長10%處（樣本是25cm，所以是25mm）標上記號。

06 以05標上的記號畫出與04平行的直線。

07 在與鞋跟紙版相交的腳心位置處（沒有弧度的直線處）標出記號。

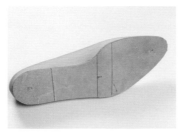

08 於07標上的記號處畫出平行直線，基準線的描繪就完成了。

09 沿著中底外圍向內畫出4mm等距的線條。線就畫到鞋跟紙版處，其後不畫線。

10 接下來在外圍向內畫出14mm等距的線條，整個鞋跟紙版處也要畫線。

11 使用裁皮刀斜斜地將底邊裁下至4mm的線條處。

12 沿著10畫好的線條，刻出深度1.5mm的開口。

13 將裁皮刀的刀刃斜斜地放置在10畫好的線條內側7至10mm處。

14 將裁皮刀的刀刃順著12畫好的開口處挖出溝槽。

15 鞋踵部位則從鞋跟紙版前緣線朝後端斜裁到剩下3mm左右的厚度。

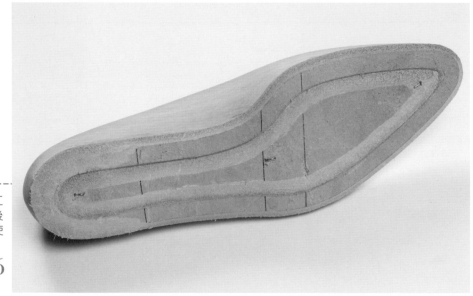

中底底部的加工就完成了。之後在拉幫作業時使用。

16

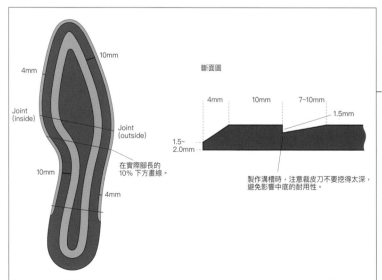

10mm

4mm

斷面圖

Joint (inside)

Joint (outside)

在實際腳長的10%下方畫線。

10mm

4mm

4mm   10mm   7~10mm

1.5mm

1.5~2.0mm

製作溝槽時,注意裁皮刀不要挖得太深,避免影響中底的耐用性。

中底的加工圖示

製作襯片

使用鉻鞣的柔軟皮革所製成的鞋子, 需要倚賴襯片形塑出俐落的立體感。襯片分為兩種, 放在鞋頭的鞋頭內襯, 與鞋踵的後踵內襯。襯片是厚度約3mm的植物單寧酸揉製的皮革, 使用前需要先經過削薄加工。對於製鞋來說, 兩種襯片都是不可或缺的, 特別是鞋頭內襯, 被稱為「撐起鞋子顏面」的重要組件, 製作時更必須仔細確實。製作襯片的關鍵是細部的削薄處理, 請參考本頁04的圖進行削薄加工。

01 在皮革的皮面層放上後踵內襯的紙版, 沿著邊緣畫線。

02 同樣地, 在皮革皮面層, 沿著鞋頭內襯紙版邊緣畫線。

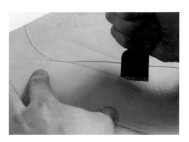

03 沿著線條裁下皮革。

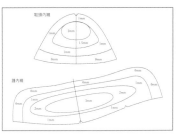

04 襯片各部位需要削薄的厚度。

05 用碎玻璃片削刮後踵內襯的皮革皮面層。

06 同樣地, 鞋頭內襯皮革皮面層, 也以碎玻璃片進行削刮處理。

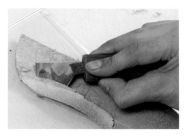

07 從後踵內襯的邊緣進行削薄加工。

08 邊緣部分因為是朝著前端削薄至0mm, 所以越往中心厚度越厚。

09 鞋頭內襯的前端削薄至厚度1mm, 後端削薄至0mm。

10 鞋頭內襯的中央部位留下2mm的厚度。

11 將削薄之後的皮革肉面層，用毛刷沾濕。

12 用以碎玻璃片將表面削刮平整。

13 後踵內襯削薄後的肉面層，同樣也以毛刷沾濕。

14 後踵內襯的表面也以碎玻璃片削刮平整。

削薄前後的鞋頭內襯比較圖。幾乎所有的部分都會被削薄，不過因為削薄後最厚的部位還是有2mm厚，所以一開始還是需要選用稍具厚度的皮革。

15

削薄前後的後踵內襯比較圖。後踵內襯最厚的部分有3mm。

16

拉幫作業

製鞋過程中最具代表性的,可以說是拉幫這個步驟了。這個過程不僅能夠最大化地發揮皮革素材本身的特質,同時也會使用到製鞋的代表工具——鳥嘴鉗。而且,只要透過實做,我們亦可從中體會到,為拉幫所特製的鳥嘴鉗,其外形的意義。

拉幫的結果好壞,會直接顯現在鞋子的外觀上。不過這個作業某種程度能夠重新來過,可以一直製作到滿意為止。完成拉幫之後,即是最終的鞋面形態了。

◆ 黏貼襯片

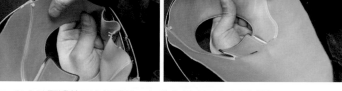

01 為了之後能夠輕鬆取下木楦,所以在木楦塗上嬰兒爽身粉。

02 將鞋面的內裡翻過來,毛刷沾水刷表面皮革的肉面層。目的是為了提高成型度。

重點

03 將後踵內襯整個浸到水裡,為了容易定型,必須先讓襯片變得柔軟。

04 在飽含水分變得柔軟的後踵襯片肉面層,確實塗上皮革用白膠。

05 與後踵襯片黏合的表面皮革的肉面層,也塗上皮革用白膠。

06 對齊中心點,將後踵襯片與表面皮革的肉面層黏合在一起。

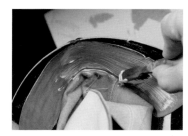

07 後踵襯片黏上表面皮革後,將與內裡黏貼的那一面,也塗上皮革用白膠。

08 黏合時要邊拉平內裡邊貼,如此內裡才不會出現皺褶。

◆ 鞋頭的拉幫 1

01 在膝上進行拉幫作業。準備黏好中底的木楦。

02 將鞋面放上木楦。

03 將鞋踵的縫合處與木楦頂端的中心線對齊。

04 翻到木楦底部，從底部開始作業。

05 從鞋頭的部位開始拉幫，首先，使用鳥嘴鉗僅拉長內裡的部分。

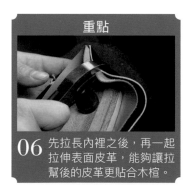

重點

06 先拉長內裡之後，再一起拉伸表面皮革，能夠讓拉幫後的皮革更貼合木楦。

07 用力拉展皮革到極限之後，打入釘子固定。

08 將釘子打在溝槽以外的位置。以此為中心進行橫向左右兩點的拉幫。

09 與鞋頭相同，一開始確實拉長內裡。

10 一起拉展內裡與皮面層皮革。

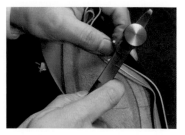

11 用力拉展皮革到極限，再以釘子固定。

12 反邊也重複同樣動作，打入釘子固定。

13 確定在3點固定的狀態下，鞋頭部分完全貼合木楦，鞋頭蓋的線條也沒有彎曲。

◆ **鞋踵處的拉幫1**

01 接下來進行鞋踵的拉幫。首先拉長內裡。

02 確實用力拉展內裡，如此鞋口線條就不會顯得鬆弛。

03 拉長內裡後，為了拉幫預留的內裡皮革就會跑出來了。

04 用力拉長鞋踵後側的皮面層皮革與內裡。

05 將鞋踵的鞋口，拉到木楦上事先打入釘子標記處。

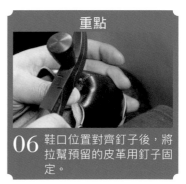

重點

06 鞋口位置對齊釘子後，將拉幫預留的皮革用釘子固定。

07 在狗尾巴下方打入細釘，固定鞋踵位置。

這裡也是在拉長表面皮革之前，先用力拉展內裡。

08

09　起拉長表面皮革與內裡，固定左右2點。

10　後踵在3點拉幫之後的模樣。確認是否完全與木楦的形狀一致。

◆ **鞋側的拉幫1**

01　鞋頭與鞋踵固定之後，接著進行鞋側的拉幫作業。

02　與鞋頭與鞋踵的步驟相同，先拉展內裡，再拉長表面皮革與內裡，用釘子固定。

03　腳心內側的部分必須要拉多一點，注意釘子固定的位置。

◆ **鞋踵處的拉幫2**

04　鞋側部分在單側找出平均的4點拉幫。

05　鞋側完成8點拉幫之後的模樣。

01　在固定鞋踵的3根釘子之間的位置，進行更緊密的拉幫。

02　在原先固定的兩根釘子的中間，打入釘子固定。

03　在拉幫的兩處釘子間，再用釘子固定，釘子的間隔會越變越小。

04　在原先兩處釘子間完成3點的拉幫。

05 另一邊也同樣進行3點拉幫。

06 盡量使釘子與釘子之間是等距的。

07 鞋踵處完成9點拉幫的模樣。與木楦的密合度提高，已可見成型的鞋型。

08 繼續在釘子之間拉幫。

09 需要的話可以將之前打入的釘子取出，增加拉幫點。

10 最後使釘頭的間隔距離拉近到1至2mm左右，縮短拉幫固定點間的距離。

11 盡可能在鞋踵四周緊密地拉幫固定。

12 敲打鞋踵的邊緣部分，使邊緣的弧度更立體。

13 敲打鞋踵四周的鞋面，使其與木楦完全貼合，更加流線。

14 鞋踵完成拉幫的模樣。

◆ **鞋側的拉幫 2**

01 在鞋踵釘子與鞋側釘子之間開始拉幫。

02 鞋側不需要像鞋踵那般緊密地拉幫。

03 拉幫後，釘子之間的距離大概是10至15mm左右。

04 這裡也用鐵鎚敲打，讓邊緣更加貼合立體。

◆ 鞋頭的拉幫 2

05 鞋側完成拉幫之後的模樣。

01 取出先前打入的3根釘子。

02 解開原先拉幫固定的地方後，將表面皮革反摺，只留下內裡。

03 在內裡的拉幫預留處塗上黏著劑。

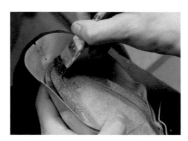

04 內裡的拉幫預留處與中底黏合處，也塗上黏著劑。

05 從鞋頭側的內裡開始拉幫。

06 以釘子固定鞋頭部分後，兩側也進行橫向拉幫。

07 確實完成橫向拉幫，用釘子固定。

08 內裡用3點固定，3點間同樣予以拉幫，再使用菊寄法將內裡黏合在中底上。

09　黏合時盡可能製造出緻密的皺褶，突顯鞋頭部分的線條。

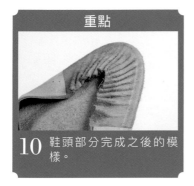

重點

10　鞋頭部分完成之後的模樣。

11　確認內裡的鞋頭部分是否呈現出鞋頭的線條。

12　裁下蓋住溝槽部分的內裡皮革。

13　盡可能沿著有高低落差的部分裁切。

14　內裡的鞋頭處已使用黏著劑黏貼固定，裁切時注意不能造成剝落分離。

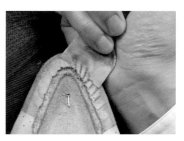

15　將拉展後緊密地黏在一起的內裡皺摺，以裁皮刀削薄，使其平整。

16　鞋頭內側完成之後的模樣。

◆ 鞋頭內襯的黏合

01　將鞋頭內襯浸到水裡，使其變得柔軟。

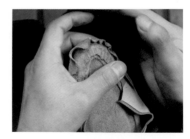

02 將浸濕的鞋頭內襯表皮面塗上皮革用白膠。

03 將鞋頭內襯與鞋頭黏合，凸出底部約4至5mm左右。

04 彷彿包覆著鞋頭一般，將鞋頭內襯與內裡緊密貼合。

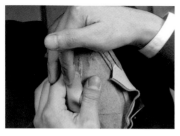

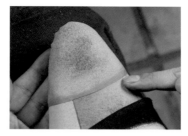

05 鞋頭內襯的兩側也以橫向拉展，延伸襯片使其密合。

06 從表面確認鞋頭內襯是否服貼平整。

07 鞋頭尖端部分的襯片，盡可能地收成細緻的皺摺。

08 敲打皺摺部分，使其盡可能平整。

09 鞋頭部分的內裡黏好鞋頭內襯的模樣。

10 靜置數分鐘使其固定。

◆ 鞋頭的拉幫 3

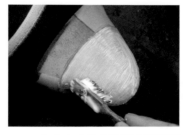

01 以毛刷輕輕地沾濕鞋頭內襯。

02 在含有水分的鞋頭內襯表面塗上皮革用白膠。

03 將先前反摺的表面皮革翻回來蓋在鞋頭上。

04　將表面皮革翻回來蓋好之後，接下來從鞋頭開始以3點拉幫固定。

05　因為內裡已經固定好的關係，拉幫時只需要拉展表面皮革。

06　此時，前幫片的部分並未與木楦貼合，呈現表皮繃緊的狀態。

07　在橫向2點進行拉幫。這邊也是因為內裡已固定，只需要拉展表面皮革。

08　左右2點拉幫完成之後，用釘子固定。

09　固定好3點之後，在釘子與釘子之間的中間點進行拉幫作業。

10　用釘子固定，拉幫間隔變得越來越窄。

11　拉幫時一邊從鞋頭表面確認，一邊以能夠除去表面皺摺的方向延展皮革。

12　完成9點固定拉幫。

13　從內側看底部一整面的模樣。

14　將鞋頭部分多餘的拉幫預留皮革，裁到距離釘子5mm處。

15　裁下多餘的預留皮革後，在9點釘子之間進行更細密的拉幫作業。

16 處理間隔細密的拉幫時,如果釘子的位置不理想,可以取出重新調整。

17 調整替換釘子的位置,使釘頭的間隔為2至3mm左右。

18 釘子打好之後,敲打邊緣使線條更立體。

19 敲打鞋頭側,敲整出鞋頭蓋的流線造型。

20 也敲打拉幫好的橫向部分,確實敲整出木楦的線條。

21 鞋頭蓋的部分最終以19點固定拉幫。

22 如此便決定了鞋頭蓋最後的造型。

◆ 鞋側的拉幫 3

01 於前幫片附近進行拉幫。這部位的內裡先前並未固定住。

02 先拉展內裡後,再連同表面皮革一起延展拉幫。

03 為除去鞋背部位的皮革皺摺,調整拉長表面皮革時的方向與力道。

04 前幫片附近因為需要突顯鞋背的形狀,所以必須加強力道細密的拉幫。

05 以1cm間隔進行拉幫。

06 在與鞋頭蓋的交接處拉幫，也要謹慎小心。

07 為了使拉展的位置不會發生偏移，打入釘子固定時要把皮革壓好。

08 另一側也確實進行拉幫之後，拉幫作業就大功告成了。

09 以鐵鎚敲打底部邊緣，帶出邊緣流線的感覺。

10 敲打整面的前幫片，使其定型。使用前端磨亮的鐵鎚面，可避免皮革表面受損。

拉幫作業完成。鞋面已經完全可看出鞋子的樣貌了。

11

裁切時使用的工具

製鞋時會使用各式各樣的材料，因此，也必須使用適合素材的裁切工具。
為了使刀剪工具時常維持在最銳利的狀態，平時的保養工作很重要。

美工刀

製作紙版時，用來切割做為
紙版材料的肯特紙。

裁皮刀

裁切、削薄皮革以及裁剪底
邊的時候使用。配合製作內
容，有各種刀刃寬度種類。

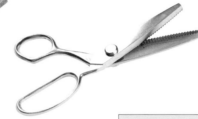

鋸齒剪刀

刀刃呈現鋸齒狀，裁剪時呈
現裝飾花紋的剪刀。本書用
來裁切牛津鞋鞋頭蓋。

削薄機

用來削薄皮革表面，調整皮革厚度的機器。削去皮
革裁片重疊部分產生的厚度。

內裡削邊器

將超出鞋口邊緣多餘的內
裡，沿著鞋口進行裁剪的工
具。

線（紗）剪

剪線時使用的刀剪。

修飾刀

用來修飾底邊邊緣部分，前端帶有狹窄
刃面的刀子。

斜口鉗

可以切斷堅硬的物體。外表像鉗子，前
端帶有刀刃的工具。本書用剪斷凸出中
底的木釘釘頭。

彎鉤縫法

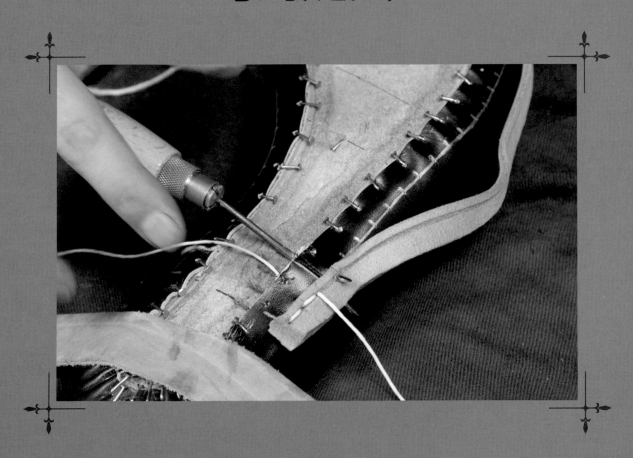

同時縫合中底、鞋面與沿條等三個部位。這種製法就是所謂的手縫沿條製法，此種縫製方法必須完全依賴手縫。縫製時使用前端彎曲的彎鉤錐、將手縫針加工製成的手縫彎針，以及用松脂塊摩擦增加強度的縫線，進行縫合。

彎鉤縫法

彎鉤縫法指的是,將完成拉幫的鞋面、中底與貼合大底時必備的沿條,同時縫合在一起的作業。雖然先前已經畫好當做基準的線與點,不過使用彎鉤錐挖出縫線孔時,需要較為熟練的技巧。縫製時需要由9條線捻成的麻線,使用前必須擦上由松香與油脂熬製而成的松脂塊。另外,縫針是將手縫針加工彎曲之後的針,採用了極為特殊的工具與手法。完成彎鉤縫法之後,就可以看到鞋子的基本形貌了。

◆ 裁切拉幫預留部分

01 將鞋面拉幫預留的部分,沿著中底的溝槽邊緣裁切。

02 因為有釘子的關係,所以必須巧妙調整刀刃的角度,才能正確地進行裁切。

03 內裡拉幫預留的部分也裁至溝槽部分。

04 裁切拉幫預留處之後,中底的溝槽會完全露出來。

◆ 畫上記號

01 從溝槽往外畫寬度14mm(需依皮革厚度調整距離)的線條,至鞋跟紙版前緣線。

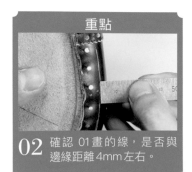

重點

02 確認 01畫的線,是否與邊緣距離4mm左右。

03 腳心內側的部分,也畫上距離溝槽寬度14mm的線條。

04 在鞋面底部的皮革上,描上鞋跟紙版前緣的線條。

05　在拉幫的鞋面底部，畫上彎鉤縫法用的基準線。

06　在這條基準線上標出間隔8mm的記號。初學者建議以9至10mm為間隔距離。

07　調整記號位置，讓記號不會剛好落在接縫上。

08　在基準線的內側畫上間隔8mm的記號。記號處是彎鉤錐出針的位置。

09　釘子會造成作業上的不便，所以將它們向內折彎。

10 將釘子折彎之後的模樣。之後就能開始進行彎鉤縫法了。

◆ 縫針的加工

01 彎鉤縫法使用的縫針，須經過加工使其變得彎曲。

02 剪去尖銳的針頭部分約1至2mm。因為如果太尖銳會刺到皮革，造成縫製上的困難。

03 剪好之後，用砂紙摩擦縫針針頭，使其變得圓滑。

04 使用鳥嘴鉗一類的鉗子，用工具的柄手將針夾住。

重點

05 用打火機的火一邊燒炙，一邊壓緊柄手。

縫針達到預期的形狀時，便放入水中迅速冷卻。加工之後的針稱為手縫彎針。

06

◆ 捻合縫線

01 取兩尋半（一尋是雙臂張開的長度）長的線。從線頭開始取15cm。

02 從線頭算起15cm的地方，分成9條細線。

03 將細線放在大腿上，用手來回搓揉讓線頭的部分變細。

04 必須讓9條細線的線頭部分都變細。

05 將變細之後的線，分成4條及5條。

06 將線頭部分沾濕，將兩邊各自捻合在一起。

07 分別從4條及5條細線，各自捻合好的狀態。

08 對齊兩邊的線頭。

09 將兩邊的線捻合成1條線。

10 線頭變得又細又尖。另一邊的線頭也以同樣的方式處理。

◆ 松脂塊的製作與摩擦上脂

01 製作藉由摩擦來增加縫線強度的松脂塊。松脂塊的主要材料為松香。

02 將松香放入鍋裡加熱熔解。

03 松香熔解後，加入少許麻油。

04 加熱熬製，使松香與麻油相互融合。

05 在桶子裡裝水，攪拌讓水中出現漩渦。

06 將松香與麻油的混合物倒入水裡。

07 投入水中的混合物，因為迅速冷卻的緣故，而硬化形成松脂塊。

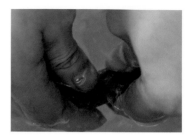

08 松脂塊硬化到某種程度的狀態，在水中繼續揉捏。

09 松脂塊的硬度基準在於，左右輕拉時感覺能夠輕易地延展開來。

10 用力拉扯則會馬上斷裂，代表已達到理想硬度。

11 將製作完成的松脂塊放置在皮革的肉面層。

12 需要摩擦上脂的縫線很長，所以作業時需要寬廣空間。將線固定在柱子等物體上。

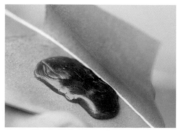

13 將縫線對準放置在皮革肉面層上的松脂塊進行摩擦。

14 用布包住皮革，讓縫線沾取剩下來的松脂，同時藉由摩擦熱，確實摩擦上脂。

15 縫線確實上脂之後，再用蠟塊摩擦。

縫線本身在摩擦上脂後會變成茶色。

16

◇ 沿條的加工

01 在日本，鞋子的材料行就能夠買到沿條。

02 坊間販售的沿條，肉面層已經挖好溝槽。

03 在沿條的皮面層以黑色的皮革快染墨水上色。

04 沿條肉面層的末端，斜切下約5mm的長度。

05 沿條末端裁切好的模樣。裁切其中一頭的末端即可。

06 將沿條浸水泡軟。

◇ 將針穿上縫線

01 將縫線的前端部分摩擦松脂塊。

02 使用錐子在縫線很細的地方刺出小洞。

03 將先前做好的手縫彎針尖端穿進小洞。

重點

將縫線穿到靠近手縫彎針的針孔處，將縫線兩頭往縫針下方拉。

04

05 將縫線的線頭穿進針孔裡。

06 將線頭往外拉，縫線就會在針上形成一個小結。

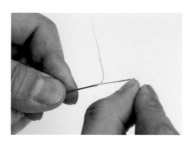

07 拉住縫線較長的一端固定縫線。

08 將兩條線捻合在一起。

09 以蠟塊摩擦兩條線捻合的位置。

◆ 彎鉤縫法

01 將鞋子放在大腿上，鞋頭朝向自己，用皮革的帶子固定鞋跟部位。

02 需要進行彎鉤縫法的部位，拔下原先所有的釘子。取出反折的釘子。

03 拔下釘子。採取的是邊縫製邊拆的做法。

04 用刷子將彎鉤縫法的部位沾濕。

05 使用彎鉤錐前，要將針頭放入碎蜂蠟中攪和。

重點

06 以記號為基準，將彎鉤錐從中底的溝槽橫向刺出，在記號處放上沿條。

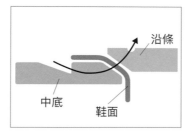

沿條

中底　鞋面

使用彎鉤錐依序從中底、鞋面、沿條，刺出縫線孔。

07 從彎鉤錐的另外一側，使用手縫彎針將縫線穿過彎鉤錐刺穿的小孔。

08 拔出彎鉤錐，穿過手縫彎針。

09 穿過縫線，一直拉到縫線長度一半處。

10 以原先的小洞為中心點，內外兩側的縫線等長。

11 刺出下一個縫線孔前，先將會影響作業的釘子拆掉。

12 將彎鉤錐從溝槽的側面刺穿出去，刺出第2個縫線孔。

13 將手縫彎針從外側（沿條）處穿進縫線孔。

14 從內側將縫線另一頭的手縫彎針也穿過去。

15 內側的手縫彎針也穿過同一個孔。將兩側的縫線往左右拉，如圖為縫合後的模樣。

重點

16 將縫線纏繞在彎鉤錐的柄手上，可以將縫線拉得更緊。

17 從兩側將縫線拉緊，緊密地縫合起來。

18 長長的縫線會增加作業上的困難度，可以用嘴巴咬著線或是其他方法移開。

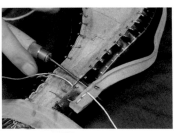

19 穿好第3個縫線孔之後的模樣。同樣從內外兩側穿線縫合。

20 反覆同樣過程，一直縫到對側的鞋跟紙版前緣線處。

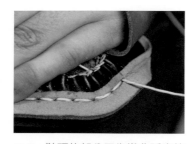

21 鞋頭的部分因為彎曲弧度較大，要邊彎曲沿條邊縫製。

22 縫到對側的鞋跟紙版前緣線上的最後一個縫線孔時，將縫線從外側穿過。

23 用力拉緊這條從外側穿過的縫線。

重點

24 將前一個從外側穿過的線，與穿過最後一個孔的線，用力打結。

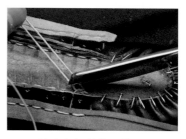

25 確實打好結後，將多餘的縫線剪掉。

26 與先前相同，以30度斜切的方式裁掉多出來的沿條。

27 確認沿條兩邊的位置是一致的。

◆ 鞋踵部位的絡縫法

01 鞋踵部位使用的縫線是先前在25剪下的縫線，將單側打結。

02 與彎鉤縫法相同，用刷子將中底沾濕。

03 將彎鉤錐從邊緣往內5mm以上的位置刺穿到中底，做出縫線孔。

04 從內側穿線。

05 一直把線穿到先前線頭打結處。

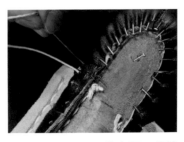

06 再間隔8mm做出下一個縫線孔，從外側將針穿過。

07 穿過06做好的縫線孔之後，大力拉緊縫線。

08 把會阻礙縫製的釘子拔掉，做出第3個縫線孔。

09 將往內側穿進去的07的縫線穿進08做好的縫線孔。

10 為09的線拉好之後的模樣。在鞋跟部位反覆同樣過程。

11 一直縫到鞋跟部位最後一個孔（沿條端點處開好的孔）。

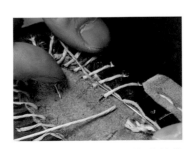

12 將針帶到前一個縫好的縫線之間，將線穿過。

13 再將針穿過縫線形成的小圓圈當中。

14 接著將13的線拉緊。

15 拉緊之後，縫線就會打結固定了。

16 鞋跟部位就縫好了。

◆ 底面的處理

01 先前打在狗尾巴下方用來固定鞋後踵位置的釘子，拔除。

02 沿條內側為拉幫預留的多餘表面皮革，裁切掉。

03 從鞋跟紙版前緣線處開始裁一圈，直到對側的鞋跟紙版線條處。

重點

04 鞋頭處內裡的皺褶也仔細地一併裁下。

05 內裡的拉幫預留皮革也貼著沿條裁下。

06 輕巧地使用裁皮刀，裁下內裡部分，避免在中底留下痕跡。

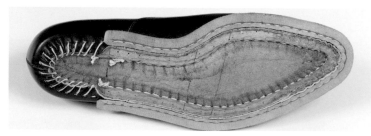

07 完成底面處理的模樣。

08 接下來會進行貼合大底，先將中底固定在木楦上的3根釘子拔出。

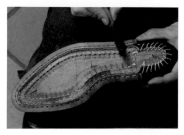

09 從沿條一直到中底溝槽附近用水沾濕。

10 用鐵鎚敲打沾濕的部位整平。

用語解說

● 塑形棒：製鞋時在壓整作業上使用的木棒。

11 鞋跟周圍也敲一敲，帶出邊緣立體感。

12 敲打中底的底面，使皮面層變得平坦。

13 用塑形棒從表側擠壓沿條整形。

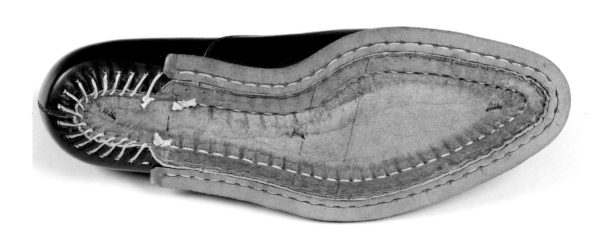

14 完成彎鉤縫法與絡縫法後，將鞋面跟中底確實固定。

敲打與拉扯時使用的工具

製鞋時敲打壓實黏合部位，同時也運用在塑形上。另外，製鞋過程中許多步驟需要用力拉扯，此時就會使用鳥嘴鉗一類的專用工具。

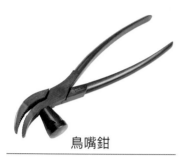

鳥嘴鉗

拉幫時使用的工具。拉幫時，鉗口可以夾著皮革，鎚狀物則可以拿來作為施力點。

鐵鎚

日本製鞋界習以「ponpon（指敲打聲）」來稱呼鐵鎚。右邊是製作鞋面用，左邊則是用來貼合大底。為了不在皮革留下敲打痕跡，用來敲打鞋面皮革的鎚面，必須磨得如鏡面一般光滑平整。

塑形棒

能夠將底邊的開口壓密，使表面變得均整的多功能工具。

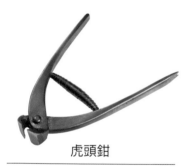

虎頭鉗

用來取出暫時拉幫時打入的釘子。

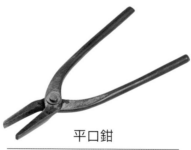

平口鉗

使用在壓整底邊等貼合的部位，用途廣泛。

皮革條

在大腿上作業時，用來固定鞋子的環狀皮革。

木弧

處理鞋踵縫合處時，用來整形的平台。用鐵鎚敲打靠在木弧上的鞋踵部位，製造縫合處的立體效果。

凹型木弧

中間挖了洞的平台，將中底放在上面加工，可使中底更加貼合木楦的圓弧度。

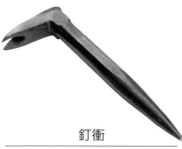

釘衝

用來敲打鞋跟部位的釘頭，讓釘子更加深入皮革。

貼合大底

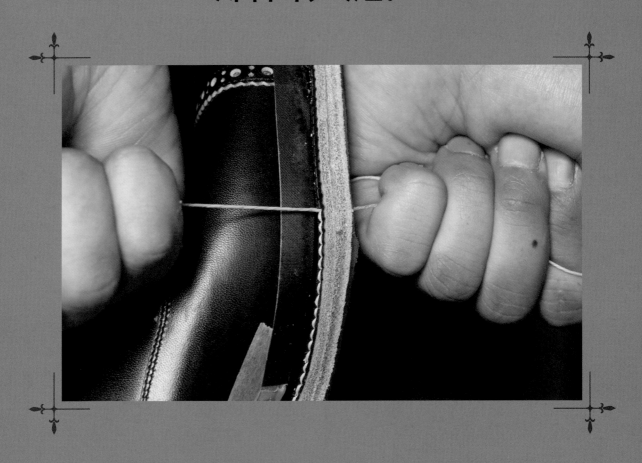

以外縫的方式，將運用彎鉤縫法縫好的鞋身、沿條與大底，縫合在一起。這雙牛津鞋採取單一沿條製法，鞋踵部位並未加上沿條，所以必須在鞋踵附近打入木釘，與鞋身固定。貼上大底後，就完成鞋子的基本型了。

貼合大底

接下來就要正式進入貼合大底的步驟。大底通常採用的是厚度達到4至6mm,以植物單寧酸揉製的厚皮革。這雙牛津鞋採用的皮革是厚度5mm的背部皮革。因為中底和大底間會產生空間上的縫隙,所以會在中底的底部鋪上軟木後,再貼上大底。

接下來,大底會與將鞋面、中底縫合固定的沿條進行縫合。縫製時使用「外縫」法,使用專用縫針,將縫線內外交錯縫合。

◈ 填平溝槽

01 準備寬度10mm的皮革條,肉面層進行半面的削薄處理。

02 在斜切削薄後的皮革條肉面層塗上黏著劑。

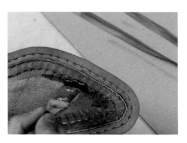

03 為了彎鉤縫法而挖出的中底溝槽處,也塗上黏著劑。

04 將皮革條黏在中底的溝槽處,填平凹陷處。

05 將皮革條在腳心內側處出現的皺摺,用錐子盡可能地壓平。

06 皮革條黏至鞋頭附近,剪掉多餘的皮革。

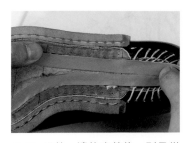

07 另外一邊的皮革條,則是從鞋頭處開始黏。

08 將鞋踵處多出來的皮革條剪下,兩邊長度要一致。

09 用鐵鎚敲打皮革條,使其緊實服貼。

◆ 調整沿條寬度

01 將沿條寬度裁切至剩下6mm。這個步驟稱為整圈裁切。

02 必須特別注意裁皮刀的使用方式，不能傷到鞋面。注意不要裁切過頭。

03 鞋尖部分要分次小心地裁切。

重點

04 完成四周的裁切。沿條面越均等，越容易縫合。

◆ 製作大底紙版

01 將中底上內外腳心最寬處的連線，及其下平行的線條，延伸到沿條上。

鞋跟紙版的前緣線條也同樣延伸畫在沿條上。

02

03 將鞋跟邊緣部分的皮革皮面層以大銼刀磨下。

04 將線條延伸到沿條上以及磨下鞋踵邊緣的皮革皮面層的模樣。接下來就可以取版了。

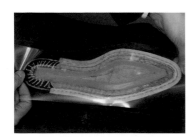

05 將中底貼上「TRAN SHEET」等取版用的透明膠膜。

06 將畫在沿條上的線條轉繪至膠膜上。

07 用STABILO天鵝牌鉛筆，將沿條的邊緣輪廓轉繪到膠膜上。

08 腳跟的部分也要確實將膠膜黏好,轉繪其邊緣輪廓。

09 用油性麥克筆描內外腳心最寬處連線、下方平行的線條,及鞋跟紙版的線條端點。

10 確認線條全都確實轉繪之後,將膠膜從底面撕下。

11 將撕下來的膠膜貼在肯特紙上,要注意盡量貼得平整。

12 將鞋踵處的線條往外加寬5至8mm。

13 沿著外圍輪廓將紙裁下。

◆ 裝上鐵心

裁下來的即為大底紙版。

14

鐵心是金屬製的薄板,可以說是具有鞋底的脊椎功能的組件。

01

02 鐵心的前端,位在內外腳心最寬連線的平行線下方。

03 以不超過平行線為原則,決定好置放處後,於鐵心內側塗上黏著劑。

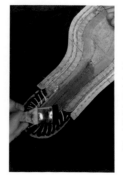

在中底上置放鐵心的位置也塗上黏著劑。

04

05 將鐵心黏在中底上。

06 用鐵鎚敲打鐵心，讓鐵心構造能夠深入中底。

◆ 中底填料

01 為這雙牛津鞋的中底填入軟木。將細碎的軟木粉末放到容器裡。

02 取出皮革用白膠，放入軟木粉容器裡攪拌。

03 確實將皮革用白膠與軟木粉攪拌均勻。

04 在中底的底面邊壓邊推，填上混合後的軟木。

05 在中底的底面上，以壓整的方式將軟木填抹開來。

06 鞋跟的部分也將軟木填到微微隆起的狀態。

07 中底的凹陷處都填上軟木後，稍微放置一段時間，等待固化。

08 從側面看稍微隆起是最剛好的高度。

09 等到軟木的皮革用白膠乾了之後，在表面用銼刀刮平整形。

10 將松香與麻油加熱，製作松脂塊。多放一點油慢慢地製作。

123

11 將液體狀態的松脂塗在內外腳心最寬處連線以上的中底部位。

✦ 大底的加工

01 大底使用厚度約4至6mm的背部皮革。在皮革皮面層描上紙版的輪廓。

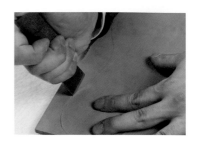

02 沿著01的輪廓外圍1至2mm處裁下大底。

03 裁切下來的大底。

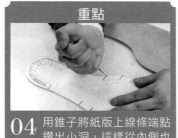

> **重點**
>
> **04** 用錐子將紙版上線條端點鑽出小洞，這樣從內側也能知道線條的正確位置。

05 將紙版放在裁下的大底上，標出各端點的記號。

06 在大底肉面層畫出3條線，然後在鞋跟紙版線條下方5mm處再畫上一條線。

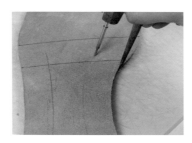

07 從上數下來第2條線與鞋跟紙版的線條之間（腰間），從側邊畫上寬度25mm的線條。

> **重點**
>
> **08** 在皮面層到底邊距離3mm位置處，畫上削薄時的基準線。

09 需要的線條都畫好之後，進行大底的削薄加工。

10 使用裁皮刀從鞋跟紙版後方的線條斜斜地放入刀刃，之後在腰間做寬度25mm斜削。

11 往前後和底邊兩個方向，以傾斜的角度進行削薄。

重點

12 配合事先斜削好的沿條的切面形狀，削薄鞋跟紙版前緣的部位。

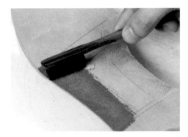

13 將削薄處用水沾濕。

14 用碎玻璃片在削薄處削刮，使皮面層光滑。

◆ 大底的貼合

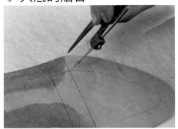

01 在內外腳心最寬處連線前方，畫出距離邊緣15mm寬的線條。

02 使用木工銼刀，讓皮面層變得粗糙。

03 使用木工銼刀，磨粗內外腳心最寬處連線後方的部分。

04 沿條的肉面層也用木工銼刀磨粗。

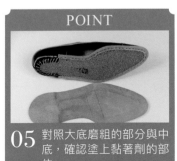

POINT

05 對照大底磨粗的部分與中底，確認塗上黏著劑的部位。

06 用水沾濕本底的皮面層。

07 將鞋跟部位放在凹型木弧上，藉由鐵鎚的敲打帶出圓弧的效果。

08 沒有磨粗的部位也用鐵鎚敲打製造圓弧度。

09 在大底肉面層事先磨粗的地方分兩次薄薄地塗上黏著劑。

鞋身的底面也塗上黏著劑。

10

11 貼合前，將大底的皮面層用水沾濕。

12 貼合鞋身與大底時，要先對齊鞋頭位置。

13 從中間開始貼合，避免鞋身與大底之間跑進空氣。

14 沿條的切面與大底削薄處確實對準後進行貼合。

15 確定沿條位置之後，將整面大底貼合起來。

用鐵鎚敲打鞋底，除去鞋身與大底間的空氣。

16

使用塑形棒從沿條皮面層向下壓緊。

17

18 使用塑形棒摩擦鞋底，消除鐵鎚敲打所留下的痕跡。

◆ 底邊加工

01 沿著鞋底裁切修整超出沿條的大底，使大底的厚度一致。

02 大底具備一定厚度，所以裁切時力道不能過大。使用研磨銳利的裁皮刀。

03 使用大銼刀輕輕地削整底邊邊緣。

◆ 大底開溝

01 從沿條起始部位向後10mm處，沿著周圍畫出寬10mm的線條。

02 將線條區域用水沾濕，從底邊邊緣到線條處用刀子割出深度1mm的開口。

03 注意刀刃不要割得過深，以一定的間隔分段作業。

04 一直割到對側的線條處（沿條末尾處往前10mm）為止。

05 將割出開口的部分往上反折。

06 將反折起來的部分仔細用水沾濕。

07 將塑形棒放進開口處，加強反折的程度。

08 從底邊往內5mm處用拉溝器拉出1.5mm的凹槽。

09 開溝之後的模樣。

◆ 在沿條上留下印花推燙痕

01 準備遮蔽紙膠帶，事先黏在布面上，減低膠帶的黏性。

02 將黏性變弱的遮蔽紙膠帶，貼在沿條上緣的鞋面處。

03 將尼龍膠布（補強膠布）黏在遮蔽紙膠帶上，保護鞋面不受到損傷。

04 準備印花推，並以酒精燈加熱。

05 仔細用水將沿條沾濕。

06 將印花推靠在沿條上，留下燙痕。腳心內側無法使用印花推，所以不會有紋路。

07 沿條上的印花推燙痕。

08 在距離鞋身2mm的沿條上，用銀筆畫上縫線記號。

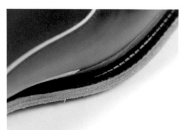

09 沿條上頭的縫線記號。

10 用銀筆將縫線記號一直畫到外側沿條末尾處。

11 腳心內側附近則是畫到能夠看見印花推燙痕的地方。

◆ 外縫

01 外縫用的針，比一般的縫針更為柔軟。也可以使用山豬鬃鬚的毛針。

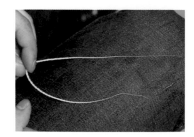

02 縫線由六根麻線捻合而來。上脂、線頭的加工、穿線方式皆與彎鉤縫法時相同。

03 準備長度兩呎半的線，並且上脂。

重點

04 配合縫線刺出縫線孔。孔的位置就是印花推燙出的凹陷處。

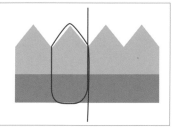

05 從上下將針穿入，縫合大底與沿條。

06 每一針都要把線用力拉緊，縫線會位在印花推痕凸起處。

07 最後一針只從沿條側穿線。

08 將穿出底側的線與前一針的線打一個結。

09 確實打結後，將多餘的線剪掉。

外縫完成之後的模樣。

10

◆ 貼回因開溝而掀起的大底皮革

01 縫線孔因為受力而變形，用鐵鎚敲打整平。

02 將開溝的地方用木工銼刀將皮面層磨粗。

03 掀起的皮革部分也用較粗的砂紙研磨，準備回復到原先的位置。

04 小心地在拉溝處塗上黏著劑。

05 用水將底面一整面沾濕。

用鐵鎚將掀起的皮革敲回原先的位置。

06

07 敲打時避免讓皮革出現皺褶，或是過度延展，一點一點慢慢地敲回原位。

08 將掀起皮革敲回原狀之後，用鐵鎚向外側敲打，將皺褶敲平。

09 最後用塑形棒摩擦，讓表面均整。

因開溝掀起的皮革回復到原先的模樣，底面平坦。

10

◈ 修整底邊

01 決定沿條的寬度。這次將沿條裁切至縫線外側2mm的地方。

02 因為裁切時是用目測的方式進行，所以必須一點一點小心謹慎地進行。

03 裁切鞋跟部位的重點在於下窄上寬。從邊緣往外2至3mm的地方開始裁切。

04 裁好沿條之後,確認沿條寬度是否與鞋子的整體氛圍是一致的。

05 較窄的沿條能夠有效突顯牛津鞋的正式感。

06 腳心內側的部分,配合弧度而較為往內縮。

07 鞋跟下窄上寬的裁切法,其實是考慮到之後裝上鞋跟的關係。

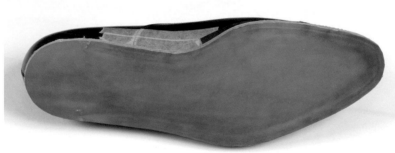

貼合大底的步驟就完成了。

08

黏著劑類

依照部位及用途來使用3種黏著劑。用來補強的尼龍膠布，雖然背面也
有黏性，亦能夠在塗上黏著劑後黏貼使用。

黏著劑

開始貼合鞋底之後使用的合
成橡膠類強力黏著劑。兩個
貼合面都需要塗上黏劑，乾
燥後再黏合。

橡皮膠

縫製時暫時黏合時使用的橡
膠類黏著劑。將橡皮膠塗在
兩個貼合面上，待乾燥後相
黏。

皮革用白膠

黏貼內襯、與軟木混合製作
填腹材料時使用的水溶性黏
著劑。只塗在單一黏合面上
也能順利黏貼。

尼龍膠布

防止皮革伸縮及補強時使用
的膠布。

縫製時的工具

針車只有在製作鞋面時使用，之後基本上仍以手縫為主。手縫時所使用
的縫線，是用多條線捻合而來，使用前需要用松脂塊摩擦。

針車機

製作鞋面時使用。因為需要
縫合立體的皮革裁片，所以
使用製鞋用的筒型針車。

手縫針

彎鉤縫法時使用。使用時必
須先進行加工處理。

9條　6條

縫線

彎鉤縫法時撚合9條的麻線，
外縫時則是捻合6條麻線。

松香

混合油脂後作成松脂塊，摩
擦縫線用。如此一來能夠避
免縫線脫線與起毛球，也有
防水效果。

手縫針

具有柔軟性的金屬製縫針，
用來縫合鞋身與大底。另外
也常用山豬鬃鬚做成的毛針
替代。

圓針

固定鞋門時用的縫針，一般
皮革工藝也經常使用。

聚脂纖維線

鞋門所使用的聚酯纖維線。

貼上鞋跟

鞋跟由幾種皮革重疊組合而成，需要一邊修正大底的圓弧與角度，一邊一片片地疊合上去。最底部的天皮皮面層會直接接觸地面。基本的步驟，是用黏著劑黏合鞋跟組件，然後打入木釘固定。

貼上鞋跟

　　由數片皮革疊合而來的鞋跟。製作鞋跟時會用到「層層堆疊」的鞋跟皮革, 修飾大底圓弧度的U型墊片, 以及實際接觸地面的天皮等。疊合鞋跟皮革的過程中, 修正大底上鞋跟處的弧度與接地面處, 最後貼上接觸平坦地面的修飾皮革。作業中需要在形狀與角度上做出細微調整。鞋跟的高度依木楦形狀的差異, 疊合的數量與加工程度, 也會有所不同。

◈ 固定大底的鞋跟部位

01 在大底放上鞋跟紙版, 畫出鞋跟前緣線（日文稱為「下巴線條」）。

02 從鞋踵底邊邊緣往內畫出寬度12至13mm的線。

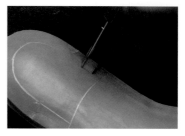

03 在02的線上, 每間隔10mm標上一個記號。

04 畫好間隔10mm的記號。這些記號就是打入釘子的位置。

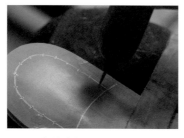

05 在線上記號處用菱錐鑽出小洞。

06 用鐵鎚敲打菱錐的後端, 讓針的根部深入大底。

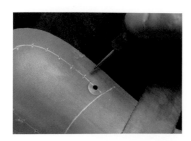

07 將菱錐拔出來後, 就會看到如圖直徑2mm左右的小洞。

08 所有記號處都使用菱錐鑽洞。

重點

09 使用木釘固定大底與中底。

10　將木釘的前端對準小洞，用鐵鎚打入。

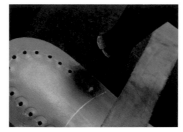

11　將釘子垂直地打進洞裡。

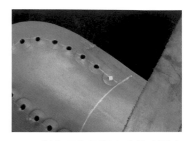

12　將釘子打到與大底的表面齊平。

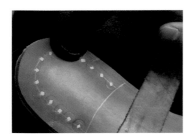

13　全部的釘子都打入之後，表面再用鐵鎚敲整。

用木工銼刀摩擦整個鞋踵區域，使表面變得粗糙。

14

注意削磨時不要超出鞋跟前緣線。

15

16　用 #180 的砂紙摩擦鞋跟區域前端20mm處。

◈ 構成鞋跟的組件

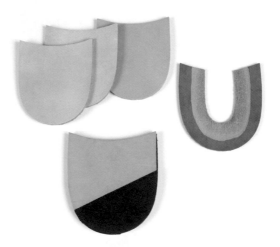

01　準備使用在鞋跟上的組件。左上的三片是以堆疊鞋跟用的皮革，右邊是U形墊片，左下是天皮。

17　鞋踵四周磨粗之後的模樣。

135

◆ 裝上 U 形墊片

01 以木工銼刀削下 U 形墊片的皮面層皮革。

02 將墊片的皮面層與大底相對,對齊鞋踵後,於墊片畫上鞋跟前緣線的位置。

03 畫線之前,要先對齊墊片與鞋踵後端。

04 裁下鞋跟前緣線之前的部分。

05 在 U 形墊片的皮面層塗黏著劑。

06 大底的鞋跟部位也塗上黏著劑。

07 用水沾濕 U 形墊片的肉面層。

08 將 U 形墊片與大底貼合時,稍微離開鞋跟紙版的前緣線。

09 U 形墊片貼上大底後,用鐵鎚敲打壓緊。

10 敲緊之後,將凸出底邊的部分裁掉。

11 削薄 U 形墊片的表面,務必與鞋跟底面一樣平坦。

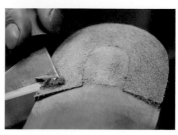

12 從 U 形墊片的側面能夠看到修整鞋跟圓弧的效果。

13 以木工銼刀削磨鞋跟一整面區域，修整表面。

14 放上裁皮刀的柄手，確認鞋跟部分的平整度。

15 鞋跟底部仍有光靠U形墊片仍無法修正的弧度。

◆ 裝上堆疊用鞋跟皮革 1

 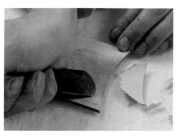 

01 將剩下來的鞋跟皮革試著疊合起來，再考慮要如何修正下一片。

02 為了吸收鞋跟部分的弧度，將堆疊用的鞋跟皮革肉面層正中央，也削薄出弧形來。

03 放上鞋跟，調整削薄的程度。

04 用水沾濕削薄的部分。

05 用碎玻璃片削落先前削薄部分的表面。

06 以木工銼刀將一整面磨粗。

07 第一片堆疊用鞋跟皮革加工完成後的模樣。

08 在大底的鞋跟部位塗上黏著劑。

09 堆疊用鞋跟皮革的加工面也塗上黏著劑。

10 將堆疊用鞋跟皮革與鞋身貼合。貼合時稍微超出鞋跟前緣線約1 mm。

11 貼合好之後，用鐵鎚敲打壓實。

12 將超出底面的底邊皮革裁掉。

13 鞋跟的部分，也沿著大底形狀裁切。

14 以木工銼刀修整堆疊用鞋跟皮革表面。

15 邊修整邊確認，表面是否平坦。

16 在鞋跟部分畫出距離邊緣寬度13mm的線條。

17 從鞋跟前緣線處也畫出距離寬度13mm的線條。

18 在鞋跟周圍的內側畫好的線上，間隔每10mm做記號。

19 在18標好的記號上，以菱錐鑽洞。

20 將木釘打進鑽好的洞裡。

以木工銼刀修整表面。

21

22 確認裝上第一片堆疊用鞋跟皮革之後，鞋跟部位就已經完全變得平坦。

01 將剩下的鞋跟皮革堆疊起來，雖然已經修正弧度，但仍須調整角度。

02 將鞋跟紙版放在接著要貼合的鞋跟皮革肉面層，描出鞋跟前緣線。

03 以01確認的角度把表面削薄。

04 用水沾濕削薄處。

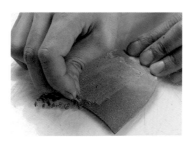

05 以碎玻璃片將削薄面削平。

06 以木工銼刀磨粗表面。

07 第2片堆疊用鞋跟皮革加工後的模樣。

重點

08 再一次將剩下來的鞋跟皮革堆疊起來，確認之間沒有空隙。

09 在大底的鞋跟部分塗上黏著劑。

10 堆疊用鞋跟皮革的表面也塗黏著劑。

11 貼合第2片堆疊用鞋跟皮革時，稍微超出鞋跟前緣線約1mm。

12 貼合好之後，用鐵鎚敲打壓實。

13 將凸出底面的部分，沿著底面的形狀裁斷。

◆ 裝上堆疊用鞋跟皮革 3

01 將剩下來的鞋跟皮革堆疊起來，再確認彼此間沒有空隙。

02 用木工銼刀磨粗大底鞋跟部分以及第3片堆疊用鞋跟皮革。

03 在兩個貼合面塗上黏著劑。

同樣地，將堆疊用鞋跟皮革與鞋跟貼合。 04

05 用鐵鎚敲打貼合好的堆疊用鞋跟皮革壓實。

06 依底面的形狀裁切皮革凸出的部分。

修整堆疊好的鞋跟皮革，使底邊平順圓滑。 07

重點

08 在鞋跟底部放上天皮，確認一整面都接觸到地面。

09 從鞋跟邊緣往內畫出距離邊緣寬度 15mm 的線條。

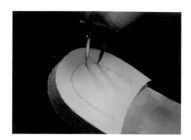

10 在 09 畫好的線上，每間隔 10mm 標上記號。

11 首先，在後方的 4 處記號上打入 22mm 的鐵釘。打的時候使釘子稍微向內側傾斜。

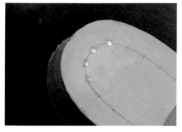

12 只有這 4 處打入 22mm 的鐵釘，其他則使用 19mm 的釘子。

13 全部的釘子都打入之後，再敲打釘頭讓它們完全陷入鞋跟。

14 鞋跟部位打入鐵釘的模樣。鐵釘的前端深入到大底。

◆ 裝上天皮

01 用木工銼刀將天皮的橡膠面磨粗。

02 在鞋跟處塗上黏著劑。

在天皮的橡膠面分兩次薄薄地塗黏著劑。

03

04 對齊鞋跟前緣線，將天皮與大底貼合起來。

05 用鐵鎚敲打貼合好的天皮，確實壓實。

06 裁下天皮多餘的部分。

鞋跟的斷面整形

01 裁切堆疊鞋跟處的斷面，使其更為流線平滑。

02 畫出鞋跟前緣側面修整的線條。畫上稍微傾斜的線。

07 天皮及堆疊好的鞋跟模樣。確認天皮一整個面都接觸到地面。

03 裁掉超出修正線的部分。

放上鞋跟紙版，修正底部的鞋跟前緣的位置。

04

05 沿著修正線條進行裁切，形成鞋跟前緣的最終形態。

從側面放入裁皮刀，一點一點地削去表面。

06

07 裁切鞋跟前緣內側部分時，注意不要傷到大底。

鞋跟前緣修正之後的模樣。

08

09　貼上鞋跟之後，幾近完成最終的鞋型。

削整工具

修整鞋底等較厚的皮革底邊時，銼刀是不可或缺的。以銼刀稍微磨出開口，以邊緣帶有弧度的碎玻璃片輕輕削薄表面。

大銼刀
可以用來削平邊緣處的中目鐵製銼刀。

木工銼刀
可以使表面變得粗糙，為底邊塑形時使用的粗目鐵製銼刀。

銼刀
前端具有弧度，邊緣較薄的鐵製銼刀。用來削整鞋跟上端根部的工具。

玻璃板
將玻璃板折成邊緣有弧度的碎片，利用碎片邊緣輕輕削薄皮革表面。

長柄扁銼
長柄的鐵製銼刀。用來處理拔出木楦後的中底表面。

打洞工具

依照打洞位置及目的不同，使用的工具也會有所差異。彎鉤縫法時使用的彎鉤錐，因為挖洞時有個弧度，所以前端的針是彎曲的。

圓斬
打出圓孔的工具。本書用於鞋帶孔，與在紙版上打孔時使用。

錐子
需要打出小圓孔時使用。也可以拿來加大紙版上的開口。

彎鉤錐
在彎鉤縫法時用來刺出縫線孔，前端有彎曲的針。使用前要將鉤針摩擦蠟塊。

菱錐
用來鑽出小洞，讓木釘打入洞裡固定鞋跟時使用。

最終修整

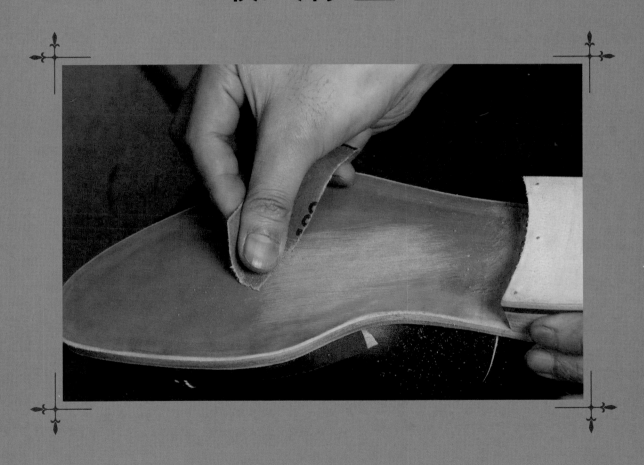

進行底邊和鞋底的修飾作業，完成製鞋工作。底邊抹上磨邊蠟，鞋底塗上鹿角菜膠和鞋底油，保護修整。鞋面以鞋乳擦拭，鞋頭等比較有稜角的部位也要確實抹上鞋乳。

各部位的最終修整

鞋型完成後進行細部的收尾工作。底邊仍是皮革原本的顏色,表面也需要再進行加工處理。將底邊表面修飾地更為流線,染黑並且塗上蠟。鞋底包含鞋跟部位以及皮面層剝皮、半黑加工,擦上鹿角菜膠,最後塗上鞋底油。以滋養護理霜和鞋乳擦拭鞋面,在鞋頭與鞋跟處刷上鞋蠟,帶出鏡面光滑透亮的效果。為了提高一雙鞋子的完成度,仔細地進行細部處理是很重要的。

◆ 側面與底邊的修飾 1

01 用水將鞋跟的斷面沾濕。

02 用鐵鎚較狹窄的那一面小幅度地輕敲。

03 敲整之後,使得鞋跟斷面更加緊實。

以木工銼刀削整鞋跟斷面的形狀。
04

鞋跟前緣的部分也用木工銼刀削整。
05

鞋跟以外的底邊部分也以木工銼刀削整。
06

07 縫線位在鞋底邊正中央。

用大銼刀斜靠在鞋跟邊緣上削整。
08

◆ 打入修飾釘

01 用碎玻璃片將天皮的皮面層表皮削落。

從鞋跟邊緣 4 至 5mm 處標上記號。
02

鞋跟前緣處亦取相同距離標上記號。
03

將鞋跟紙版的前緣線對齊 03 的記號，畫出打入中央釘子的位置。
04

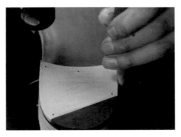

05 在記號上用錐子打洞。

06 預計要打入 5 根修飾釘，所以必須打出 5 個洞。

07 打入釘子時，將15mm的釘子（打入11至12mm）留下 3 至 4mm 在外頭。

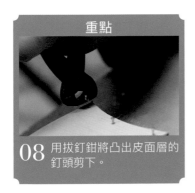

重點

08 用拔釘鉗將凸出皮面層的釘頭剪下。

09 用木工銼刀將釘子的切面削整磨平。

10 打入修飾釘後的鞋跟。修飾釘主要用來裝飾，打入的數量位置不拘。

◆ 底邊的修飾 2

01 用水將鞋跟的斷面沾濕。

02 用碎玻璃片刮整表面。

03 用水沾濕鞋底邊。

04 用碎玻璃片刮整鞋底邊。

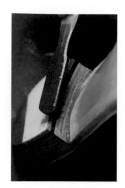

05 用水將鞋跟前緣的斷面沾濕。

與處理其他底邊的方式相同,以碎玻璃片刮整表面。

06

07 經過碎玻璃片刮整的斷面。表面還有些許玻璃刮過的痕跡。

08 以 #180 的耐水砂紙研磨刮整過的斷面,消除玻璃刮過的痕跡。

09 #180 的耐水砂紙磨過之後的模樣。

10 鞋跟以外的底邊也用 #180 的耐水砂紙研磨。

11 研磨之後再以水沾濕鞋跟斷面。

12 用水沾濕鞋跟前緣的斷面。

13 用剛剛使用過的 #180 的耐水砂紙研磨沾濕的鞋跟及鞋跟前緣的斷面。

14 用水將鞋底邊沾濕。

鞋底邊也用 #180 的耐水砂紙研磨,完全去除玻璃刮痕。

15

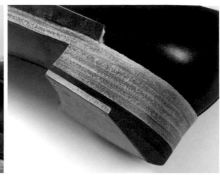

此時，斷面與底邊皮面層應該已經變得十分平滑。

16

17 底邊側的沿條因為受力變形。注意不要壓斷縫線，用塑形棒壓整回原貌。

以裁皮刀裁切沿條邊緣，將皮面層修整平滑。

18

修整皮面層是一件非常細膩的工作，需要冷靜謹慎地處理。

19

20 修整之後的模樣。如圖是在距離縫線不到1 mm處，進行皮面層的修整。

21 用塑形棒壓整底面反翹的部位。

22 以大銼刀以傾斜30度的角度，將底部邊緣修整平滑。

23 以大銼刀修整之後，再以#180的耐水砂紙研磨修飾。

修整皮面層時也可使用專門修整的刀具。

24 鞋跟部分因為沒有沿條，修整皮面層時的寬度較窄，作業時需要特別注意。

用銼刀修直鞋跟的線條。

25

26 經過幾道謹慎的處理過後，底邊表面變得更加光滑。

◆ 刮落鞋底的皮面層

01 以 #180 的耐水砂紙研磨鞋底的皮革部分。

02 大底還是表皮的狀態，所以要將皮面層刮下。

03 大底刮下皮面層後的模樣。

◆ 使用燙斗推

01 用水沾濕沿條表面。

02 配合原先已有的痕跡，再次使用印花推。

03 也可以配合縫線位置，使用壓邊推壓出紋路。

04 讓山形紋路更明顯，增加美觀度，壓平外縫時的縫線孔，也能增加防水效果。

05 使用單底推壓邊。選擇適合底邊大小的工具。

06 用水沾濕鞋底邊。

07 使用單底推，強力燙壓底邊，為表面塑形。

08 用水沾濕鞋跟底邊。

09 使用平頭推，靠著一整面鞋跟底邊加壓塑形。

10 同時使用形狀合適的後跟推，進行鞋跟底邊的塑形。

11 將鞋跟前緣側邊的部分沾濕。

12 在邊緣的地方豎起窄頭推，燙壓出邊際線。

由於燙斗推的加工塑形使得表面更加平滑，底邊線條也更為立體。

13

◈ 底邊染色

01 在鞋跟的底邊使用黑色的皮革快染墨。重複塗上2至3層。

02 鞋底邊也染上色。鞋底若不染色，染色時注意不要溢出去。

03 為了將縫線染黑，沿條皮面層需要使用細水彩筆染色。

◆ 半黑加工

04 底邊染黑之後的模樣。因為縫線也染成黑色的關係，製造出沿條以下部分與鞋身的整體感。

01 在鞋底貼上遮蔽紙膠帶，創造自己喜歡的線條。

因為這雙鞋鞋跟前緣處不上色，所以需要貼上遮蔽紙膠帶來保護。

02

03 在沒有貼上遮蔽紙膠帶的地方，用底邊墨染色。

04 鞋跟前緣的邊緣處以細水彩筆染色。

05 前側與遮蔽紙膠帶交接處也使用水彩筆，務必確實沿著線條染色。

收尾修飾時會使用的各種燙斗推，事先加熱。

06

07 將黑色的磨邊蠟加熱，熔化前端的部分。

在鞋底染色的部分，以熔化的磨邊蠟來回摩擦塗抹。

08

在塗上磨邊蠟的部位用布擦拭到出現光澤為止。

09 鞋底表面塗上蠟之後，將稍微加熱的後跟推，放到表面上，使蠟均整。

10

11 確實擦拭到出現光澤之後，將遮蔽紙膠帶撕下。

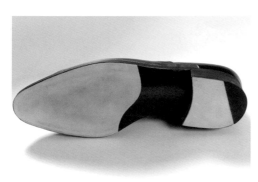

鞋底一部分染黑的修飾方法，在日文裡稱為「半黑加工」，全面塗黑則稱為「全黑加工」。

12

◆ 底邊的最終修飾

01 將前端加熱的磨邊蠟塗抹在鞋跟的斷面。

鞋底邊也同樣塗上磨邊蠟。

02

03 以加熱的後跟推，將塗在鞋跟上的磨邊蠟熔化推平。

04 鞋底邊則使用單底推，均一地塗開來。

05 在塗上磨邊蠟的地方用布擦拭出光澤。

06 擦拭時加重力道，能夠使底邊表面的蠟因為摩擦而熔解，使皮面層呈現光澤。

07 同樣地，鞋底邊也利用布擦拭製造光澤。

如果鞋底不小心沾到蠟，以碎玻璃片輕輕地將蠟刮除。

08

在鞋跟邊緣上蠟。

09

10 底面的邊緣部分也塗上蠟。

11 在上了蠟的邊緣部分，以加熱的窄頭推，製造出猶如上了畫框的效果。

輕輕地用砂紙將多餘的蠟磨掉。

12

13 在鞋跟上方使用加熱的點紋推，製造點線紋路。

◆ 琢磨鞋底

01 以熱水溶解鹿角菜膠。

02 在鞋底的皮革部位塗上鹿角菜膠。

在塗膠的部位用布仔細擦拭直到出現光澤感。

03

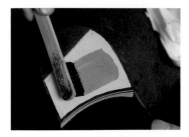

04 鞋跟皮革處也塗上鹿角菜膠。

鞋跟前緣也塗上鹿角菜膠，用布擦拭。

05

06 至此，完成所有工序後，慢慢地撕下先前為了保護鞋身而貼上的膠帶。

● 收邊修飾：日文中稱為「畫框修飾」，在鞋底以燙斗推製造出邊框線條，看起來就像是裝了畫框的修飾效果。

07 鞋身所有的製作工序到此全部完成。

◆ 最後修飾

01 將穿在鞋帶孔裡的繩子剪開。

02 拉出繩子時，注意不要擠壓到鞋身。

03 用刷子擦拭鞋面的灰塵。

04 用布沾取皮革鞋底油。

05 將鞋底塗上鹿角菜膠，擦拭過的部分抹上皮革鞋底油。

06 鞋跟底部也同樣塗上皮革鞋底油。

07 鞋面塗上頂級滋養護理霜。

08 用布沾取護理霜後，在鞋面推開。

09 護理霜會帶給皮革必須的滋養，也有保濕效果。

在鞋面塗上黑色的鞋乳。
10

特別注意鞋乳也要確實抹到鞋頭蓋的裝飾孔內部與連接處。
11

12 鞋子皮面層失去光澤，表示鞋乳已經確實被皮革吸收。

用柔軟的布擦拭已經吸收鞋乳的鞋面，直到皮面層呈現光澤。
13

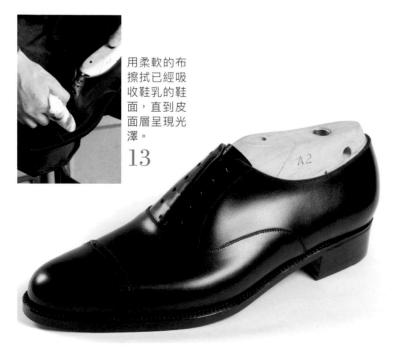

14 塗上鞋乳擦拭後的模樣。確認鞋頭蓋的裝飾孔內部與連接處也塗成黑色。

◈ 表面透亮處理

01 用布沾取鞋蠟，以畫圈的方式輕輕擦拭。將鞋蠟仔細地擦進皮革的毛孔裡。

02 鞋跟也塗上鞋蠟擦拭，同樣製造透亮光澤感。

03 鞋底塗成黑色的部分也抹上鞋蠟，擦拭晶亮。

04 製造出鏡面透亮的效果，鞋面上的光澤彷彿能夠映照出周遭景色。

◈ 打造紳士鞋

01 將木楦拔出，以鐵鎚敲打木楦的鞋口部分。

02 敲打之後，木楦的前側的部分出現縫隙。將鐵鎚狹窄面插入縫隙中。

03 將鐵鎚扳起，拔起鞋口前側用來固定用的金屬構件。

04 準備拔楦鉤，用來拔出木楦。

05 將拔楦鉤放到木楦的小洞裡。

06 木楦的鞋口前側部分會如圖的形態脫落。

07 將拔楦鉤的前端，確實放到木楦小洞的深處。

08 將鞋跟往上拉，從木楦中取出。這個過程需要花上不少力氣。

09 從鞋子裡拔出木楦。事先在木楦塗上的嬰兒爽身粉，可以使木楦較好拔出。

◆ 中底的最後修飾

將木楦拔出後，會看到中底的鞋跟部位跑出許多木釘頭。

01

02 用鉗子將釘子裁斷。

以長柄扁銼削整中底的鞋跟部位，使其變得平坦。

03

以布擦拭鞋內的碎屑。

04

在腳跟墊烙印下商標。

05

06 印花要烙在鞋跟墊的中央。

07 將腳跟墊翻到肉面層，在前端約10mm處塗上橡皮膠。

08 中間部分也以畫圓狀塗上一小塊橡皮膠。

09 因為腳跟墊的周圍比中底大上3mm，所以邊緣的部分能夠蓋住中底和鞋面的交接處。

決定好要黏貼在中底哪個位置之後，用指頭將塗上橡皮膠的部分往下壓實。

10

11 黏上腳跟墊的模樣。

⬦ 綁上鞋帶

01 使用的是平行鞋帶綁法。首先將鞋帶從皮面層最下面的孔穿進去。

02 鞋帶穿進兩邊的鞋帶孔後，左右兩邊的鞋帶需要等長。

03 右邊的鞋帶從內側穿過左下往上數第3個孔。

04 接下來左邊的鞋帶從內側穿過右下往上數第2個孔。

05 將04孔的鞋帶從外側穿進左下往上數第2個孔。

06 將03孔的鞋帶從外側右下往上數第3個孔。

07 將06的鞋帶從內側穿過左上第1個孔，將05的鞋帶從內側穿過右上第2個孔。

08 將穿過右上第2個孔的鞋帶，
從外側穿進左上第2個孔，
再穿過鞋舌孔。

09 將穿過鞋舌孔的鞋帶從內側
穿過右上第1個孔，如此鞋
帶就繫好了。

10 在襟片緊密相連的狀態下將
鞋帶打結。

11 鞋帶打結之後，牛津鞋的製
作就完成了。

12 完成的牛津鞋。這雙鞋是從平面的皮革開始製作，背後代表的是多種「技術」的整合。

不凡的技術
創造了鞋子的完成度

封閉式襟片的牛津鞋，關鍵在於其立體鞋身部位的線條美感。雖然基本鞋型主要來自木楦，但是製鞋師是否能夠完美重現木楦的型態，是身為職人備受考驗的專業技術。相信看了製作過程的讀者就會知道，三澤先生所經手的這雙牛津鞋，呈現出的是無可挑剔的成果。單單「手工鞋」三個字，無法完全形容這雙鞋本身出色的完成度，只能說是卓越技術下的寶物。

固定金屬釦件的工具

在鞋孔裝上環扣時的工具。使用環扣斬時環扣會外露，菊花斬則將環扣隱藏在皮革背面。

環扣斬

安裝環扣的專用工具。安裝時與專用的台座一起使用。

菊花斬

只使用單面環扣的情況下，敲開環扣固定時，扣腳會呈現菊花般的模樣。

皮革燙斗推等

於底邊上使用的燙斗推。每一種燙斗推各自有不同的功能與適合使用的部位。在酒精燈或是電熱器上加熱後使用。

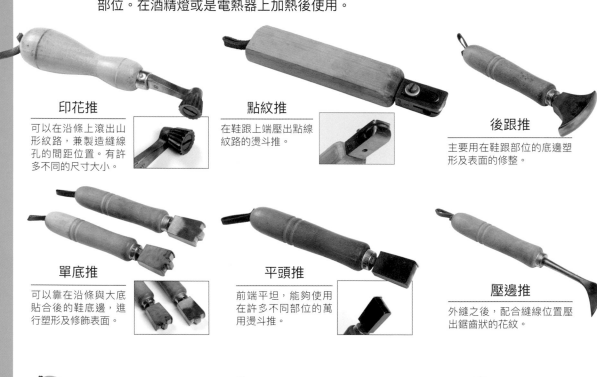

印花推

可以在沿條上滾出山形紋路，兼製造縫線孔的間距位置。有許多不同的尺寸大小。

點紋推

在鞋跟上端壓出點線紋路的燙斗推。

後跟推

主要用在鞋跟部位的底邊塑形及表面的修整。

單底推

可以靠在沿條與大底貼合後的鞋底邊，進行塑形及修飾表面。

平頭推

前端平坦，能夠使用在許多不同部位的萬用燙斗推。

壓邊推

外縫之後，配合縫線位置壓出鋸齒狀的花紋。

窄頭推

能夠確實地深入邊緣等部位，前端細窄的燙斗推。

烙頭

燙上商標的烙頭。使用酒精燈加熱後壓製在皮革表面。

酒精燈

加熱燙斗推時使用。想要同時加熱不同的燙斗推時，可以使用電熱器。

最終修整時使用的工具

最終的修飾整形階段，或是作業結束後，所使用的收尾工具。因為不同的修整部位，使用的工具也有所差異，所以確實依照分類使用，可以達到完善的修整效果。

打火機

於剛裁剪好的底邊上使用打火機將毛邊燙平。另外，也可以用來燒炙固定聚酯纖維線的線頭。

邊油

底邊染色與外表保護處理時，同時運用在底邊上的處理劑。塗上邊油之後，可以防止底邊產生不平整的毛邊。

皮革快染墨

用來為底邊與沿條染色。塗越多層，顏色染得越深。

磨邊蠟

最終修整的時候塗抹在底邊的蠟。修整時塗上熔化的蠟塊，擦拭時能夠滲透進去。

鹿角菜膠

用來擦拭鞋底。將乾燥的鹿角菜膠用熱水煮到融化變成膏狀之後使用。

鞋底油

塗在鞋底的修飾用油，可以提高耐水性與耐耗磨度。

毛刷 鞋乳

滋養護理霜用布擦拭，鞋乳則以小毛刷塗抹。大毛刷用來推開鞋乳及刷除灰塵

其他工具

若沒有拔楦鉤，無法將木楦拔出。所以拔楦鉤也是製鞋時不可或缺的工具。橡膠布可使中底完全緊密貼合木楦。

夾子

縫合鞋身後腰片上的後踵部位時，用來固定皮革裁片的工具。

橡膠布

使用橡膠布將沾濕的中底與木楦捆綁固定，使中底能夠完全貼合木楦的形狀。

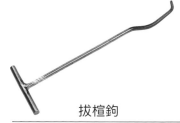

拔楦鉤

將木楦從鞋裡拔出時，能夠勾住木楦施力的鉤子。

Derby

製作德比鞋

相異於牛津鞋，德比鞋採用單色設計，且在貼合大底時，選擇底邊四周一直到鞋跟周圍附近皆縫上沿條的雙重沿條製法。由於是開放式襟片的緣故，一體成形的前幫片與鞋舌，增加了拉幫的困難度。

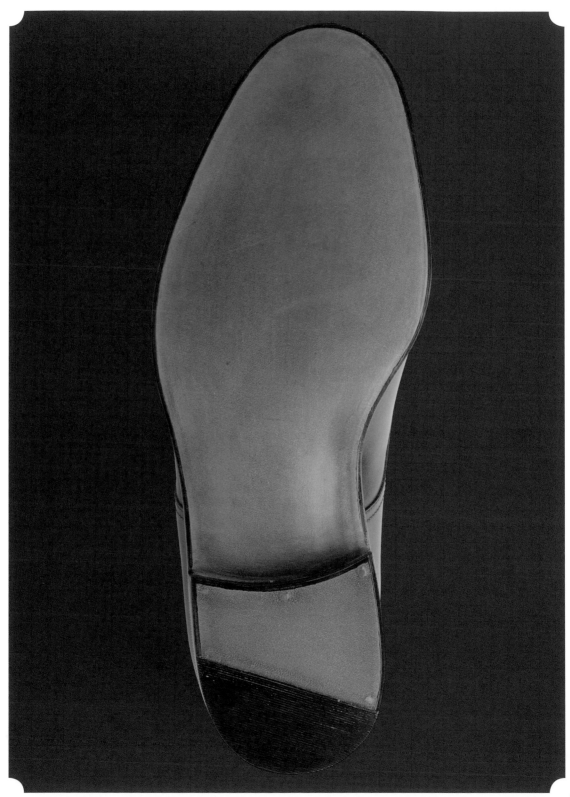

Derby　突顯開放式襟片特有的休閒氣息

打版製作

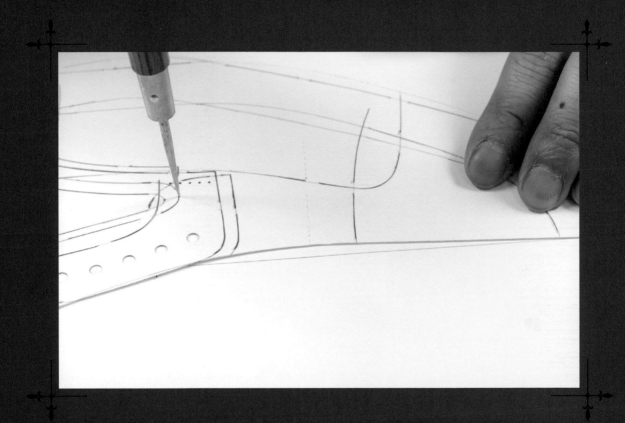

依照從木楦取下的標準版型進行各部位紙版的製作。如果紙版
未臻完善,那麼製作出來的鞋子必然無法達到理想的尺寸或形
態。特別是前幫片的製作需要花上不少時間,寧可花費時間,
也要做出合乎水準的紙版。

製作紙版

與牛津鞋相同,必須先完成標準版型,然後才能進行打版製作。前面曾經提及,德比鞋為開放式襟片,後腰片重疊於前幫片上,鞋口是外開的形態。本次製作的德比鞋為素面設計,而且因為開放式襟片的緣故,前幫片與鞋舌是相連的,所以前幫片的紙版會比較大張。另外,鞋門的位置也與牛津鞋不同,在襟片的左右兩邊等細部設計上會有所差異。首先最重要的是,確實進行製鞋基礎的打版製作。

◆ 製作標準版型

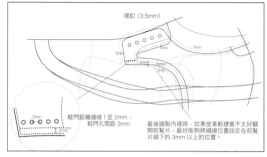

環釦 (3.5mm)

5mm

5mm

3mm

8mm 15mm
3mm

鞋門距離縫線1至2mm,鞋門孔間距 3mm

3mm

2mm

最後縫製內裡時,如果皮革較硬會不太好翻開前幫片,最好能夠將縫線位置設定在前幫片線下的 3mm 以上的位置。

德比鞋的標準版型
圖示

01 標準版型上的鞋身線條與牛津鞋是相同的。

02 在鞋身線條的外側5mm處畫上內裡線條。

03 鞋口部分也平均地在鞋口線外側5mm處畫上內裡線條,為之後削邊時預留皮革。

04 因為是開放式襟片的緣故,所以在襟片前方5mm處畫出削邊份。

05 沿著曲線板畫出內裡線條。

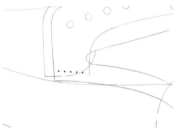

06 畫上內外交界線、內裡線條與鞋門孔的位置。

07 描繪後腰片與其內裡的線條。

08 畫出弧度自然的內裡線條。

09 將所有需要的線條描繪至標準版型上的模樣。

10 沿著標準版型最外側的線條裁下。

11 兩條線交錯的底邊也是沿著最外側的線條裁下。

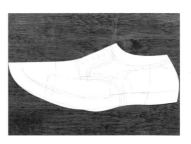

12 裁下的標準版型。

13 將標準版型上的線條，留下線條兩端，中間部分以美工刀劃出開口。

14 底邊的兩條線也同樣劃出開口。

15 鞋帶孔的地方使用環扣，開出直徑3.5mm的小洞。

16 將劃出割痕的線條兩端以錐子刺出小洞。

17 於線條處劃出割痕及兩端刺出小洞後的標準版型。

◆ 製作鞋頭內襯紙版

01 配合肯特紙上畫的鞋背線條，描出標準版型上的鞋頭內襯線條。

02 描好單側之後，將標準版型翻面從內側描繪。

03 分辨清楚中底內外邊線，畫出鞋頭內襯。

04 在鞋頭內襯的鞋頭側往外9mm處描出平行線條。

05 放上曲線板描繪。

06 沿著最外側的線條裁下。

07 於中央及內側邊切出開口。

08 完成後的鞋頭內襯紙版。

◆ 製作後踵內襯紙版

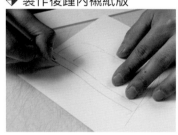

01 將標準版型上的後踵內襯線條描在肯特紙上，裁下半邊外圍輪廓。

02 將裁下來的地方對折，畫出另外半邊。

03 前端沿著外側線條裁下，於中央及內側邊切出開口。

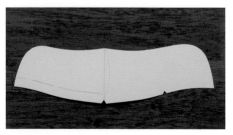

04 完成之後的後踵內襯。

◆ 製作後腰片紙版

01 將後腰片的線條描在肯特紙上。

02 以錐子刺出鞋門孔的位置。

03 在鞋後踵縫合線外側1mm的位置標上記號。

04 配合03記號，在鞋後踵縫合線外側畫出1mm的縫份線。

05 將從標準版型轉繪到肯特紙上無法畫出的線條轉彎處連起來。

06 接著製作外側的後腰片版型的狗尾巴。首先裁下狗尾巴以外的部分。

07 在狗尾巴的線條上劃出刻痕。

08 在鞋後踵縫合線外側約0.5mm的地方對折，畫出狗尾巴的形狀。

09 沿著畫好的狗尾巴的輪廓裁下。

10 以直徑3.5 mm的圓斬挖出鞋帶孔。

11 在縫線的中央及兩側端點以直徑1mm的圓斬挖出小洞。

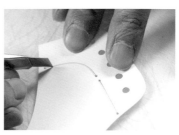

12 配合洞的大小，以美工刀裁下線條，線條處變成中空狀態。

13 完成的後腰片版型。

◈ 製作前幫片的紙版

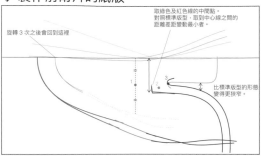

旋轉3次之後會回到這裡

取綠色及紅色線的中間點。
對照標準版型，取到中心線之間的
距離差距變動最小者。

比標準版型的形態
變得更狹窄。

雖然旋轉的中心軸位置在設定上有所不同，不過與牛津鞋的前幫片內裡是一樣的，必須邊旋轉標準版型，邊將超出旋轉軸心的部分收進軸心以下。

01 將標準版型鞋背拱起之前的線條對齊旋轉軸。

02 參考上圖的藍色的線，畫出底部線條。

03 測量中心線到中底邊緣線之間的距離。

04 在03所測定的距離之中間位置附近，設定為第一次的旋轉軸。

05 將襟片的根部和鞋門之上的中心線旋轉到直線上。

06 依此將襟片根部的角度描在紙上。

07 襟片根部的角度轉繪到肯特紙上的模樣。

08 也畫出底邊線條。

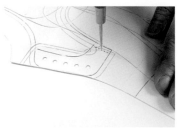

09 將第2次的旋轉軸設定在鞋門的中央部位，將鞋舌旋轉到直線上。

10 畫上鞋舌線條。

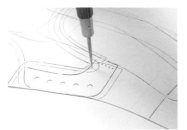

11 將鞋舌根部彎曲幅度最大的部分用錐子打洞，設定為最後的旋轉軸重點。

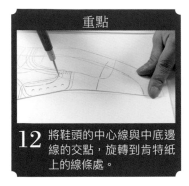

重點

12 將鞋頭的中心線與中底邊線的交點，旋轉到肯特紙上的線條處。

13 畫出172頁上圖中的紅色線條。

由標準版型上轉繪至肯特紙的線條。接下來需要進行線條的整理。

14

15 將變成兩條線的底邊線條，用橡皮擦擦拭整理。

16 放上曲線板沿著整理好的線條重新描繪。

17 將鞋舌根部修整成平滑的線條。

18 擦掉多餘的線條。

19 將鞋舌上方的線條，重新畫成與中心線垂直。

20 測量標準版型上的中心線至襟片根部轉彎處的距離。

21 在與標準版型距離較近的地方畫出角度，並使用曲線板修正。

重點

22 在鞋舌根部彎曲幅度最大的地方，用尺寸合適的圓斬在前端打洞。

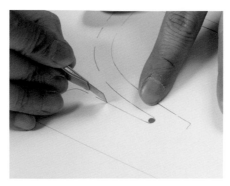

沿著最外側的線條將紙版裁下。
23

24 將裁下的部分沿著中心線對折。

25 沿著半邊的紙版輪廓描繪。底邊內側的線條則用點線輪壓製出來。

26 打開對折處，就是畫好的內側紙版。

27 沿著紙版輪廓裁下。

重點

28 外側紙版底邊，前半沿外側線，後半沿內側線裁；內側紙版底邊，前半沿內側線，後半沿外側線裁。

29 於中央及內側邊切出開口。

在與後腰片的貼合線上，以直徑1mm的圓斬挖出數個小洞。
30

31 沿著貼合線上小洞之間的線條割出開口。

32 配合洞的大小，以美工刀裁下線條，線條處變成中空狀態。

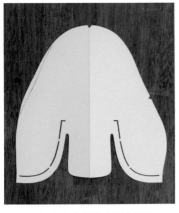

33 完成之後的前幫片紙版。

34

鞋身用的紙版製作就完成了。鞋身由內外後腰片與前幫片三個裁片組成。

◆ 製作後腰片內裡紙版

01 在從標準版型上剪下的襟片上半部，加上5mm的削邊份。

02 畫上鞋後踵縫合線的中心線（參考48頁）。

03 裁下鞋後踵縫合線以外的部分，內接線也割出開口。

04 鞋後踵縫合線也裁到旋轉軸的直線為止。

05 淺淺地在旋轉軸的直線上割出開口，將裁下來的紙版沿著中心線對折。

06 畫出03割出開口的內接線，與先前描繪的其他線條。

07 將折起來的部分打開，就是這個模樣。

08 在內接線的線條外側畫上8mm寬的黏合處，再沿著線裁下。

09 內側的紙版則沿著內接線裁下，即完成後腰片內裡。

◆ 製作前幫片內裡紙版

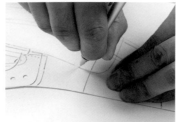

01 前幫片內裡與鞋面前幫片的製作方式幾乎一模一樣，只需注意不要描錯線。

第一次旋轉時，將鞋舌根部上端的中心線旋轉至與直線對齊。 02

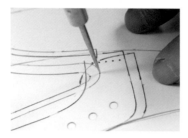

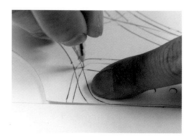

03 用錐子在鞋舌根部彎曲幅度最大的地方刺出洞，當成旋轉軸心。

04 將鞋舌部分的中心線與鞋舌的設計線的交點，旋轉至肯特紙的直線上。

05 描出鞋舌的內裡線條。

重點

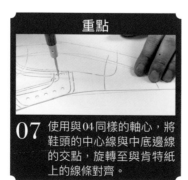

06 一直畫到與鞋舌相連的線條前端。

07 使用與04同樣的軸心，將鞋頭的中心線與中底邊線的交點，旋轉至與肯特紙上的線條對齊。

08 畫上內裡的線條。

09 考慮內外的差距，鞋頭內縮3mm，中心線則內縮1mm。

10 用美工刀在中心線上輕輕地刻出切痕。

11 沿著畫好的線裁下。

12 鞋頭處從內縮3mm的部分開始裁切。

13 將半邊的紙版將沿著中心線對折，描出另一半的線條。與前幫片一樣地裁下。

14 將後腰片與側邊內裡貼合處的線條，挖成中空的直線。

完成後的前幫片內裡紙版。

15

◆ 製作側邊內裡紙版

01 將標準版型放在肯特紙上，描出內外兩邊側邊內裡的線條。

02 沿著畫好的線條，用美工刀裁下。

完成後的側邊內裡紙板。內側邊割個開口。

03

◆ 製作腳跟墊的紙版

01 將中底紙版的腳跟部分的線條畫在肯特紙上。

02 在線條周圍的外側3mm處畫上新的線。

03 使用曲線板將02的線描繪出來。

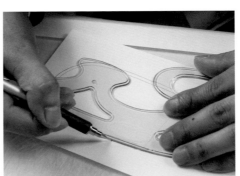

畫好線條後，沿著線條裁下。

04

暫時拉幫
確認打版與設計

做好紙版之後，與牛津鞋相同，利用暫時的鞋面進行拉幫，必要的話也需要修正紙版。暫時的鞋面皮革使用的是裁切時剩下的邊緣皮革。

利用紙版製作臨時鞋面。

將鞋面套在木楦上。

鞋面套在木楦上，從鞋頭開始進行拉幫（詳細的拉幫方法請參考205頁起的步驟）。

確實拉緊後用釘子固定，鞋頭處再找左右兩點拉幫。

將鞋後踵皮革拉到木楦鞋面線的記號處。

拉幫處用釘子固定。

對齊木楦上鞋面線的記號後，用釘子固定。

側面也進行拉幫。

確實地拉緊，使鞋背的地方完全貼齊木楦。

用釘子固定拉幫處。

完成暫時拉幫的模樣，確認是否與預期的形態一致。

製作鞋面

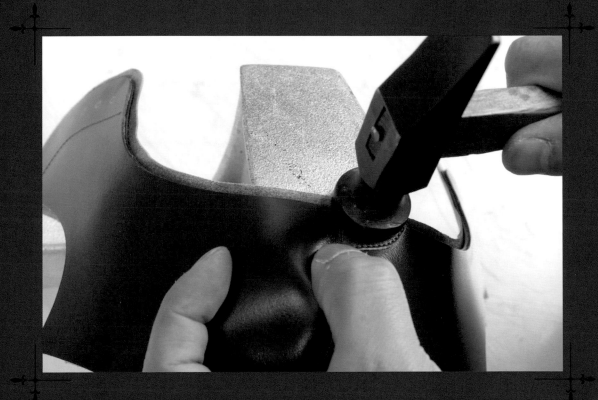

製作鞋面的過程，主要作業是使用針車機縫合各皮革裁片。完成這個步驟後，鞋子表面皮革與內裡皮革組合成鞋面。鞋後踵部位，將縫份左右展開的作業是製鞋的重點。所以必需仔細製作成形。

裁切

在皮革上裁切出表面皮革、內裡、側邊內裡各皮革裁片。鞋身使用的是厚度 1 至 1.5mm 的小牛皮,色澤是稍深的咖啡色。內裡與腳跟墊與牛津鞋相同,是植物與鉻混合鞣製的皮革,側邊內裡也同樣使用豬皮。本次製作的德比鞋為素面設計,所以相較於牛津鞋,鞋身的皮革裁片數量較少,不過因為前幫片比較大的關係,進行皮革裁切時需要審慎配置裁片的位置。

除了各部位的紙版外,還需要另外裁切兩條 15 × 500mm 的鞋口補強帶。

◈ 裁切鞋身皮革

01 確認皮革表面的狀態與纖維的方向後,在皮革上配置紙版的位置。

02 用銀筆描出紙版的輪廓。

03 皮革上畫好的版型模樣。

04 在輪廓線稍微外側的地方,粗略地將版型裁下(粗裁)。

05 比較大的版型則使用剪刀粗裁。

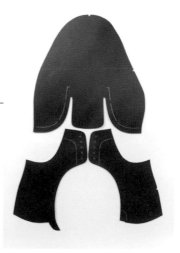

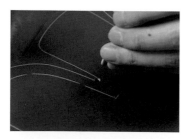

06 用圓斬在鞋舌的根部打出適合紙版大小的圓洞。

07 仔細沿著輪廓線裁切。

08 裁下前幫片全部裁片的模樣。

◆ 裁切內裡

01 在皮革上配置好紙版，用銀筆描出輪廓線。

02 盡可能節省皮革，將同一部位的紙版配置在一起。

03 粗裁之後再沿著輪廓線裁切。

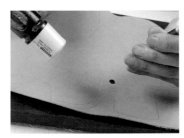

04 與鞋身相同，用圓斬在鞋舌的根部打出適合紙版大小的圓洞。

05 從同一塊皮革裁出內裡與腳跟墊。

◆ 裁切側邊內裡

01 將紙版配置在側邊內裡用的豬皮皮面層，描出輪廓線。

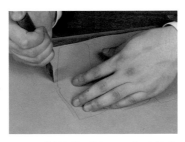

02 沿著紙版裁切。因為皮革很柔軟，裁切時要壓好皮革，裁皮刀也要事先磨利。

03 裁好的側邊內裡。

◆ 裁切鞋口補強帶

鞋口補強帶使用的是比鞋身還要暗的深茶色皮革，裁下兩條15×500mm的皮革。

01

削薄加工

　　事先將皮革疊合處削薄加工。作業時使用的皮革厚度可達1.5mm,若是不經處理,皮革縫合後的厚度會達到3mm,凸出的部分也會摩擦到雙腳。進行削薄加工時,可以僅使用手工削薄,不過先粗略地用削薄機削薄後,再

以手工削薄來做細部調整,會比較有效率。有些部分需將肉面層全部削去只留下表皮,所以作業上的精確度很重要。再者,削薄時使用的削薄機,或是手工削薄時使用的裁皮刀,必須事先磨得很銳利,這是基礎中的基礎。

◆ 鞋身部位的削薄加工

01 以削薄機在鞋身肉面層進行加工。

02 前幫片的後端部分削薄至0mm。

03 後腰片各部位則削薄至原先的2/3或是3/4的程度。

04 細部則以手工削薄,這是鞋舌的根部。

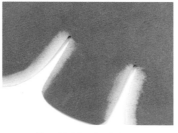

05 鞋舌的側面部位削薄成原先的1/2至2/3的程度。

06 後腰片的狗尾巴部分也以手工削薄。

07 狗尾巴的部分,削薄成原先的2/3。

◆ 內裡等部位的削薄加工

01 以削薄機在內裡肉面層進行加工。

02 內裡的後端部分與鞋身相同,削薄至0mm。

03 後腰片的內裡削薄8mm，鞋口剩2/3，外側的內接處為0mm，其他皆削薄至1/3。

04 將腳跟墊的前側斜削8mm，厚度為原先的1/3。

05 利用手工削薄，可將機器削薄處變得更平整。

06 鞋舌的3邊削薄至1/3。

07 後腰片下方開口的部分，以手工削薄的方式使表面平整。

08 後腰片內裡削薄好之後的模樣。

09 側邊內裡除了下邊以外的3邊，削薄寬度為8mm，厚度為零。

10 削薄加工前後的比較。所有側邊內裡都需要進行削薄加工。

11 鞋口補強帶的肉面層也要進行削薄加工。

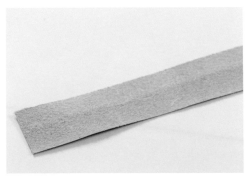

12 從兩側往中央以傾斜的角度削薄。

因為是從兩側斜削的關係，所以正中間會呈現山形凸起。

13

鞋面製作

　　將裁切好的皮革裁片削薄, 經過組合之後製作成鞋面。將構成鞋面的各裁片組合好之後, 各部位就會慢慢地變得立體。表面皮革與內裡經過這個步驟後就會形成單一的鞋面。重點在於前幫片與後腰片的縫合, 因為必須在立面的狀態下使用針車機, 操作上有其難度, 必須多加練習。有些部位只縫合表面皮革或內裡, 有些則需要將表面皮革與內裡一起縫合。開始縫合前, 詳加確認縫合方式是很重要的。

◆ 後腰片的縫製

01 用打火機燒炙鞋口的邊緣, 可以防止毛邊產生。

02 在經過毛邊處理的鞋口塗上邊油來收邊。

重點

03 用碎玻璃片削刮狗尾巴貼合部位, 讓皮面層變粗糙。

04 轉繪版型, 在前幫片內裡描出與側邊內裡的接合位置。

05 在外側的後腰片內裡貼合處(皮面層), 塗上橡皮膠。

06 在內側的後腰片內裡貼合處(肉面層), 也塗上橡皮膠。

07 將內外兩片後腰片內裡相對, 貼合起來。

08 在黏合部分的鞋口往下8mm處, 黏合處往內5mm處, 用銀筆畫出縫線。

09 從黏合處邊緣開始車邊, 至鞋口往下8mm處, 再橫向沿著銀色縫線繼續車邊。

10 皮面層相對，沿著鞋後踵縫合線對折，將開口的部分沿邊縫合起來。

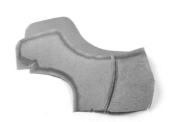

11 後腰片內裡縫合好的模樣。

12 將鞋身內外側的後腰片的皮面層疊在一起後對折，從狗尾巴之下到底部進行分縫。

13 鞋身的後腰片縫好鞋後踵部位的模樣。

14 狗尾巴的部位，之後從表面分縫時再一起縫合起來。

15 縫好之後用打火機燒熔線頭收線。

◆ 後腰片內裡的分縫

01 在後腰片內裡的鞋後踵縫合處塗上橡皮膠。

02 將內裡後踵處放到木弧上，盡量貼緊木弧。

03 用鐵鎚較細的那一面仔細敲打，將皮革斷面敲平。

04 用較細的那面將斷面敲平到某種程度後，改用粗的那面確實敲打。

05 將皮革翻面再放到木弧上，從皮面層將縫線左右敲開。

◆ 鞋身後腰片的分縫

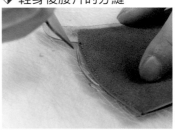

01 將鞋身鞋後踵縫合處的皮革，盡量裁切至貼近縫線邊。

02 在鞋後踵縫合處的斷面塗上橡皮膠。

03 將後踵處放到木弧上。

04 用鐵鎚較細的那一面敲打整平。

05 用較細的那面將斷面敲平至某種程度後，改用粗的那面盡可能地敲平。

06 將後腰片翻到表面，放到木弧上後盡可能地用力向兩邊拉開，用鐵鎚敲打。

07 在攤開縫合處的內側部分，貼上尼龍膠布。

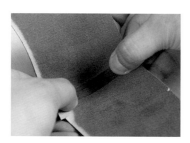

08 好好地貼實壓平，讓尼龍膠布平整。

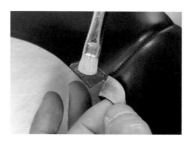

09 在狗尾巴貼合處塗上橡皮膠。

10 將狗尾巴對齊後貼合。

11 用鐵鎚將貼合好的狗尾巴敲實整平。

12 完成一系列作業後的後腰片。

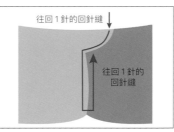

往回1針的回針縫 ↓

往回1針的
回針縫

13 德比鞋是比較休閒的鞋款,所以用針車機縫合狗尾巴時,使用比牛津鞋更粗的 #14 的縫針與 #20 的縫線,起針與收針都是往回 1 針的回針縫。

14 縫到鞋後踵縫合線的下方折返回來,縫到狗尾巴時是往回 1 針的回針縫。

15 在襟片處縫上裝飾縫線。起針與收針都是往回 1 針的回針縫。

16 縫合鞋後踵時,最後線頭從肉面層穿出來。

17 留下 2mm 左右的線,其餘剪掉。

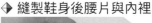

◆ 縫製鞋身後腰片與內裡

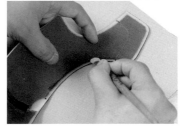

18 用打火機將剩下的線燒熔固定。

19 裝飾縫線處的縫線也從肉面層穿出,用打火機燒熔固定。

01 在後腰片肉面層的鞋口處塗上橡皮膠。

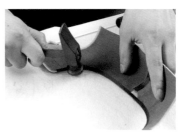

02 將尼龍膠布貼在塗有橡皮膠的位置上。

03 在轉彎的地方稍微剪開膠布,使貼合時不會產生縫隙。

04 貼上膠布後,用鐵鎚敲整。

05 在鞋口補強帶的肉面層塗上橡皮膠。

06 鞋口補強帶肉面層相對，對折成兩半。

07 鞋口補強帶對折之後，再用鐵鎚敲打。

08 用碎玻璃片削刮鞋口補強帶的皮面層。

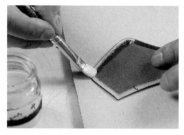

09 在後腰片鞋口處塗上橡皮膠。貼上尼龍膠布處也要塗抹。

10 在鞋口補強帶的表面塗上橡皮膠。

11 對齊鞋口之後，貼上鞋口補強帶。

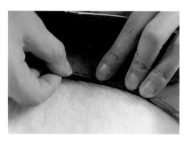

12 貼上鞋口補強帶時，注意僅能稍微超出鞋口邊緣。

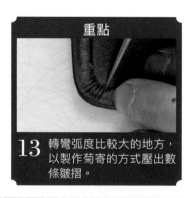

重點

13 轉彎弧度比較大的地方，以製作菊寄的方式壓出數條皺摺。

14 用鐵鎚敲打黏上鞋口補強帶的地方。

15 將彎曲處壓出皺摺的地方，予以削平，邊緣處則以傾斜的角度削薄。

16 在後腰片的鞋口補強帶上塗抹橡皮膠。

17 在後腰片內裡肉面層的鞋口處塗上橡皮膠。

18 對齊鞋後踵縫合線，貼合時內裡皮革較鞋身後腰片凸出約5mm。

19 將內裡從鞋口處一直貼齊到兩端。

20 用鐵鎚敲整，使內裡緊密貼實。

21 不使用回針縫，沿著鞋口邊緣縫合鞋身後腰片及內裡。

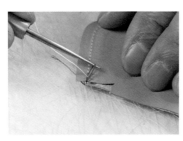

22 最終將縫線從內側穿出，留下2mm左右的縫線。

23 用打火機燒熔線頭收線固定。

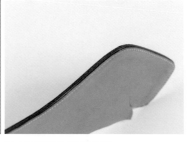

24 用剪刀將多出來的內裡剪出開口。

重點

25 將內裡削邊器從開口處沿著鞋口裁剪內裡。

26 裁掉內裡的削邊份以後，就完成了後腰片的基本形態。

◈ 製作鞋帶孔

01 對準紙版的鞋帶孔位置，以直徑3.5mm的圓斬打出鞋帶孔。

02 從鞋帶孔表面裝上環扣。

03 在內側的環扣前端處裝上墊片。

04 從內側敲打固定環扣。

05 鞋帶孔的環扣外露，這是休閒鞋款常見的處理方式。

06 從內側確認，所有的環扣都確實敲開固定。

◈ 縫製前幫片與後腰片

01 用碎玻璃片削刮前幫片後側皮面層上的貼合處，再塗上橡皮膠。

02 將內裡翻開，在後腰片與前幫片黏合處塗上橡皮膠。

03 對齊之後，僅黏合左側的前幫片與後腰片。

04 內裡的開口會夾在前幫片與襟片中間。

05 用鐵鎚敲打前幫片與後腰片的黏合處。

06 黏合線邊畫出寬度5mm的縫線。

07 將左側的後腰片沿著黏合邊縫合，注意不能把內裡也縫合起來。

08 與先前在襟片上縫好的裝飾縫線重疊之後，再旋轉往相反方向縫合。

09 配合縱向的縫線，沿著06的縫線把上側也縫起來。

10 對齊右側的前幫片與後腰片。

11 對齊之後，確實用手壓著。

12 接著用鐵鎚敲打壓實。

13 與左側相同，黏合線邊畫出寬度5mm的縫線。

14 從上側（縫線邊）開始縫合。

15 因為右側的黏合邊比較難縫，邊縫要邊注意縫線有沒有歪掉。

前幫片與後腰片縫合好的模樣。完成鞋子的基本形態。

16

◆ 裝上前幫片內裡

在鞋身的鞋舌肉面層塗上橡皮膠。

01

02 在後腰片內裡與前幫片的黏合處，塗上橡皮膠。

03 在前幫片的鞋舌處與側邊內裡的黏合處，塗上橡皮膠。

04 在側邊內裡的肉面層也塗上橡皮膠。

05 在鞋身前幫片的內側放上前幫片內裡。

重點

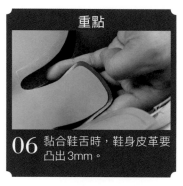

06 黏合鞋舌時，鞋身皮革要凸出3mm。

07 對齊前幫片內裡與後腰片的內裡黏合線後，再貼合起來。

08 在前幫片內裡與後腰片內裡中間，黏上側邊內裡。

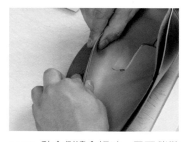

09 黏合側邊內裡時，需要稍微將皮革彎曲出一個弧度。

10 黏好所有內裡皮革的模樣。

11 用鐵鎚敲打壓緊內裡黏合的部位。

12 沿著鞋舌邊緣畫上寬度5mm的縫線。

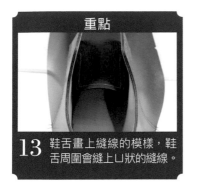

13 鞋舌畫上縫線的模樣，鞋舌周圍會縫上ㄩ狀的縫線。

14 縫合鞋舌，起針與收針處皆為往回1針的回針縫。

15 最後將縫線穿出表面，以打火機燒熔固定。

16 在前幫片內裡與後腰片內裡黏合處，畫出寬度5mm的縫線。

17 沿著縫線邊緣以雙縫線的方式縫合。

18 最後將縫線從內側穿出，用打火機燒熔固定。

19 如圖，從內側看縫合好的內裡。

◆ 鞋門

01 放上後腰片的紙版，以錐子在鞋門孔的位置上刺出記號。

02 以直徑1mm的圓斬在兩端與正中央挖出3個小洞。

03 這3個洞必須是等距的。

04 在洞與洞的中間點再挖出小洞，總共5個洞。

05 首先將針由內側穿過正中間的洞，再從表面穿進前一個洞。

06 將05從前面數來第2個洞穿過的針，刺進縫線的末端。

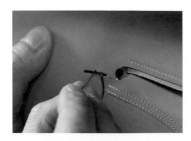

07 維持06的狀態下，針刺進縫線末端，然後從內側將針穿過最前面的洞。

08 從表面看線是這樣穿出來。從最前面的洞穿出來的針穿入第2個洞。

從第2個洞穿進來的針，刺進縫線的末端。

09

10 把線拉緊之後，表面的縫線會是這個模樣。

11 將09的針，從內側穿過第5個洞。

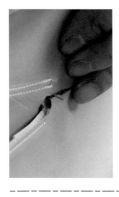

將11的針，由表面穿進第4個洞。

12

13 將12的針，由內側穿進正中央的洞。

14 將從內側穿進正中央洞的針，由表面穿進第4個洞。

15 如此一來，所有的洞都穿好了線。

16 縫好之後，將針穿過最後面的縫線中間。

17 將縫線打結。

18 確實打結，將線拉緊縮小結眼。

19 裁剪時留下2至3mm的線。

20 用打火機將打結的地方燒熔固定。

21 用鐵鎚敲打內側，使縫線平整。

22 縫合好的鞋閂。另一邊也是同樣的縫法。

23 暫時以麻線穿進鞋帶孔打結固定。

24 完成鞋面作業。外觀看來又更接近完成後的模樣。

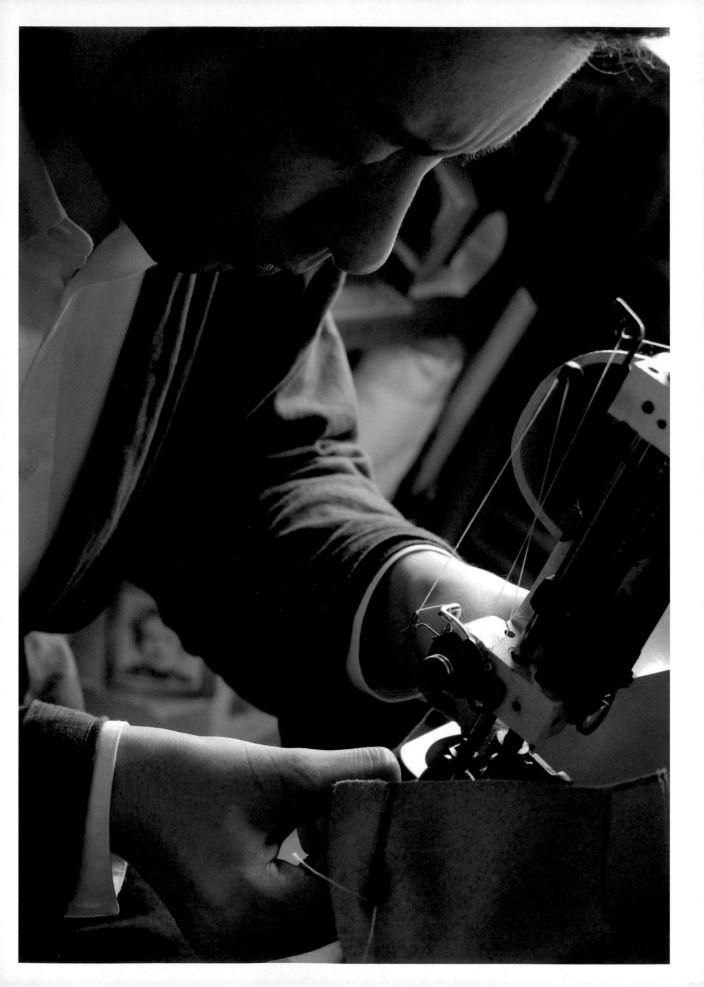

拉幫

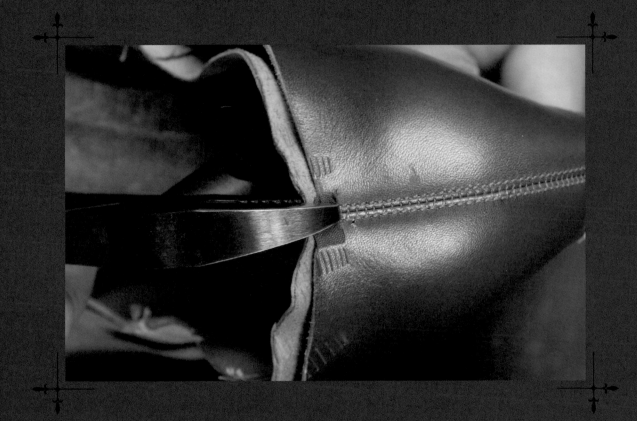

德比鞋在前幫片與鞋舌的構造上為一體成形，因而提高鞋背部
位的拉幫難度。拉幫時需要一邊確認鞋背上皺摺的狀態，一邊
調整拉幫的力道與方向。此外，製作時也需要詳加確認左右兩
側的均整度。這個過程將會決定鞋子的外型。

製作中底

製作鞋子的中底時, 裁下比中底紙版略大的皮革後, 實際配合木楦的形態再進行裁剪。中底需要完全貼合木楦底部型態加以定型。使用的定型方式是用水沾濕中底皮革後, 再使用橡膠布綑綁待其乾燥。需要等到中底完全乾燥後才能繼續使用。本書按照裁片使用的先後順序進行編排, 各位也可在更早的階段進行中底定型的作業。

中底的底部需要先挖出彎鉤縫法時需要的溝槽。定型之後在底部畫出基準線, 挖出溝槽。

◆ 中底的定型

01 將中底紙版放在中底用的皮革皮面層上, 描繪出紙版輪廓。

02 在線條外側1至2mm的地方, 將皮革粗裁下來。

植物鞣質的皮革比較堅固硬實無法一次裁切。首先在裁皮刀可以切割的範圍內割出裁切線。

03

04 裁切時邊拉著皮革, 邊將裁皮刀的刀刃深入肉面層, 沿著原先的裁切線裁下皮革。

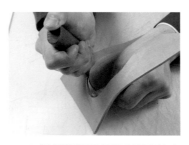

05 鞋跟與鞋頭處彎曲弧度較大處, 避開其他皮革, 垂直往下裁切。

06 用碎玻璃片將粗裁下來的中底皮面層上的表皮刮下。

07 刮下表皮後, 再用 #40 至 50 的砂紙刮粗表面。

08 也可以使用木工銼刀。

重點

09 將削去表皮的那一側, 確實用水沾濕。

在中底肉面層的前、中、後3點輕輕地打入釘子。

10

11 將中底的皮面層與木楦底部對準貼合。

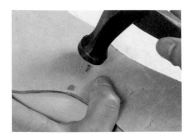

12 對齊依照版型描出的輪廓線後,將釘子打入木楦約5mm。

13 如圖,將凸出於中底肉面層的釘頭折彎。

14 沿著木楦底部邊緣,削去中底外圍。

15 考慮到乾燥後皮革會收縮,裁切時要多裁掉2至3mm。

16 用橡膠布牢牢地纏繞,使中底能夠完全貼合木楦。

17 全部纏繞起來之後放置一晚,讓中底定型。

中底定型在於可塑性

中底定型利用的是皮革的可塑性。不過就算是利用橡膠布加壓,皮革本身若沒有完全沾濕,也無法達到定型效果。所以纏繞橡膠布前,要好好確認皮革濕潤的程度。

◆ 中底的成型

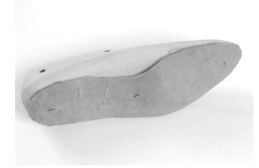

確認中底是否完全貼合木楦。

01

02 在定型的狀態下,裁掉超出木楦邊緣的部分,進行修整。

03 中底修整之後的模樣。

04 拔掉3處釘子,將中底從木楦上拆下。

05 從木楦上拆下來後,以裁皮刀削去中底邊緣多餘的部分。

06 用裁皮刀削去邊緣多餘的部分後,再以 #40 50 的砂紙研磨中底邊緣。

07 修整好底邊之後,再打入3根釘子固定中底與木楦。

◆ 在中底上挖出溝槽

01 放上中底紙版,將紙版上腳掌內外側最寬處的記號描到中底上。

02 將腳掌內外側最寬處的兩個記號用線連起來。

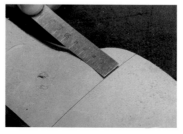

03 於02的直線後側,腳長的10%處(使用的樣本是25cm,所以是25mm)標記號。

04 以03標上的記號為基準,畫出與02平行的直線。

05 如此畫出兩條線。

06 放上鞋跟紙版,畫出前緣直線部分的記號。

07 以06標上的記號畫出直線。

08 畫上鞋跟紙版前緣線條的模樣。

09 沿著中底外圍向內畫出寬度4mm的線條。

10 這雙德比鞋採用鞋底一圈都要上沿條的雙重沿條法,所以鞋跟處也要一併畫線。

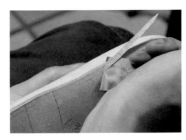

11 沿著周圍畫出的線,斜斜地裁去底面邊緣處。

12 裁切時留下厚度1.5mm的底邊。

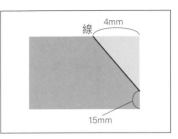

13 將底邊如圖斜斜地裁切。

14 邊緣經過斜裁的模樣。

15 在原先邊緣位置往內10mm處標上記號。

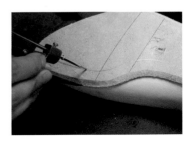

16 以15的記號為基準,沿著邊緣四周畫出寬度10mm的線條。

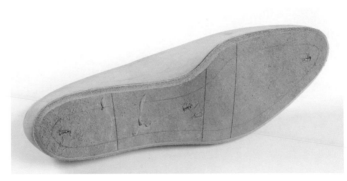

為了挖出溝槽,先畫好的基準線。

17

18 沿著15畫好的線條，刻出深度1.5mm的開口。

19 如果釘子在溝槽上，作業前要先拔除。

20 將裁皮刀的刀刃斜斜地放在15線條的內側10mm處，順著18刻出的開口處挖出溝槽。

21 沿著線在中底挖出一圈溝槽。

22 鞋跟的部位也要確實挖出溝槽，使溝槽是連貫的。

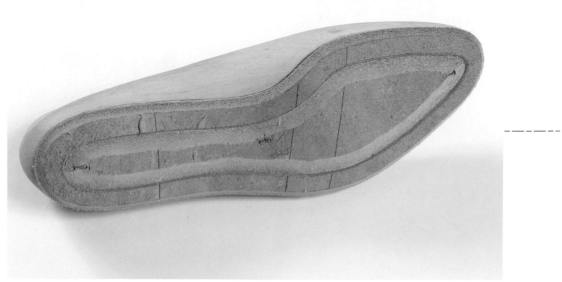

23 中底底部挖好溝槽的模樣。彎鉤縫法時會需要溝槽。

製作襯片

製作能夠維持鞋型的鞋頭內襯與後踵內襯,兩者需要進行細部的削薄處理,詳細請參考右圖。最薄的地方必須將厚度超過3mm的皮革,削薄至0mm。襯片品質的好壞會反映在鞋子的完成度上,所以必須謹慎處理。

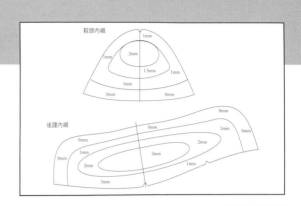

◈ 製作襯片

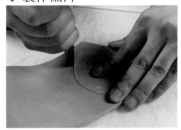

01 在皮革的皮面層上描出襯片紙版的輪廓,並裁切下。

02 使用碎玻璃片刮去後踵內襯皮面層的表皮。

03 鞋頭內襯亦同,將表皮刮下。

04 削薄鞋頭內襯的肉面層。四周因為必須削薄至0mm,要小心不能裁到皮面層。

05 削薄後踵內襯的肉面層。最厚的位置在中心部位,需留下3mm的厚度。

重點

06 使用游標卡尺,確認各部位達到指定的削薄厚度。

07 以水沾濕削薄之後的肉面層。

08 使用碎玻璃片刮整用水沾濕的肉面層表面。

09 完成之後的鞋頭內襯與後踵內襯。需要製作左右兩邊的襯片。

拉幫

　　德比鞋的拉幫方法與牛津鞋大同小異。因為前幫片與鞋舌相連，所以相較於牛津鞋，縱向的皺摺處理上會比較棘手，所以必須謹慎進行側邊的拉幫，以消除鞋背部位的皺摺。拉幫時，會將鞋頭內襯與後踵內襯裝在表面皮革與內裡之間，而表皮與內裡中間必須充分地用水浸濕。這麼一來藉由皮革的可塑性，使襯片確實貼合木楦，以決定鞋頭與鞋後踵的形狀。

◆ 製作紳士鞋

01 將後踵內襯浸在水裡，使襯片連中央部位都飽含水分。

02 用水沾濕鞋身鞋踵部位的肉面層。注意不要沾得太濕。

03 鞋身前幫片的肉面層也用水沾濕。

04 鞋身側面的肉面層也沾濕。

05 在確實浸潤的後踵內襯肉面層，塗上皮革用白膠。

貼合時，將後踵內襯的上端對齊鞋身最高點。

06

07 在鞋身肉面層上的後踵內襯表面，塗上皮革用白膠。

08 將內裡與鞋身的鞋後踵縫合線對齊，將內裡貼在後踵內襯上。

在鞋身與內裡之間黏上後踵內襯，會提高鞋踵部位皮革的張力。

09

◆ 拉幫1

01 在木楦塗上嬰兒爽身粉。

02 將鞋面放上木楦。

03 從鞋頭部位開始拉幫，先拉長內裡，再連同表面皮革一起拉伸，再用釘子固定。

04 鞋頭的中心部位拉幫之後，鞋背部分會呈現這個模樣。

重點

05 確實地拉長內裡，能夠讓拉幫後的皮革更貼合木楦。

06 在鞋頭外側進行拉幫。

07 維持皮革被拉展的狀態，用釘子固定。

08 鞋頭內側也相同地進行拉幫。

09 完成鞋頭拉幫的基礎，即3點固定後的狀態。

10 3點固定之後，進行鞋踵部位的拉幫。在後踵內襯的白膠乾燥前進行內裡拉幫。

11 先拉長內裡，然後再連同表面（鞋身）皮革一起拉展。

12 將鞋後踵縫合線對齊木楦，直直地往下拉。

13 確認鞋後踵縫合線在拉展的狀態下，依舊是筆直的。

14 在鞋後踵縫合線上，打入固定鞋踵用的正中間的釘子。

重點
15 將鞋踵的鞋口處，拉到木楦鞋踵上事先打入釘子標記處。

16 在鞋踵內外側各進行拉幫，用釘子固定。

17 鞋踵位置固定後，在狗尾巴下方打入釘子，固定在木楦上。

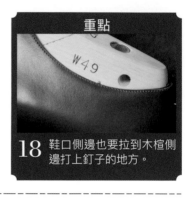

重點
18 鞋口側邊也要拉到木楦側邊打上釘子的地方。

19 接下來是鞋子側邊的拉幫。拉幫時要盡量同時拉平鞋背處的縱向皺摺。

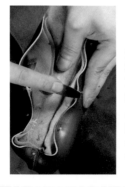

分別拉展內裡與表面皮革，盡可能避免兩者間出現偏移或縫隙。
20

側邊分別兩
邊在內外點進行拉
點進行幫。
拉 21

完成側邊兩點拉幫的模樣。
22

206

◆ 拉幫2

23 現階段尚且無法完全拉平鞋背的皺褶，但是皺褶已變得較不明顯。

24 由於人的腳踝內側較外側高，因此鞋口左右的線條也是內高外低。

01 鞋踵部位再進行更緻密的拉幫作業。於3根釘子的中間點進行拉幫。

02 在釘子與釘子之間拉幫，使拉幫的間隔變窄。

重點

03 右半邊拉幫更緊密，鞋緣的形態也更立體。

04 在剩下來的釘子之間繼續進行緻密的拉幫。

05 完成鞋後踵部位的拉幫之後，用鐵鎚敲打整形。

仔細敲打鞋後踵縫合線的位置，帶出鞋踵的弧度。

06

07 完成鞋後踵拉幫的模樣。

08 鞋子側邊也繼續進行細部的拉幫。在先前打入的釘子間拉幫，再用釘子固定。

09 腳心內側部分較難貼合木楦，此時需具備更高的製作技術。

10 側邊拉幫時，最終釘子間的距離會在10至15mm左右。

◆ 貼合鞋頭內襯

01 將打入鞋頭固定的3根釘子全部拆下來。

3根釘子拆下後，翻開鞋身皮革，使內裡露出。

02

03 將鞋子底部朝上，放在大腿上。

04 將黏著劑塗在為拉幫預留的內裡皮革上，與中底鞋頭部分的溝槽。

05 暫時在鞋頭內裡打入3根釘子固定，慢慢抓出細小的皺摺，邊將內裡貼到中底上。

06 為了讓鞋面不產生紋路，貼合時皺摺必須是均等的。

07 因為抓出皺褶時都是往中央靠攏，所以會呈現放射狀。

重點

08 將內裡拉幫預留皮革貼上中底的模樣。

09 將暫時固定用的釘子取出。

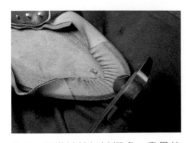

10 用鐵鎚敲打皺摺處，盡量使其平坦。

11 將覆蓋住溝槽的拉幫預留內裡皮革，沿著漕溝邊線裁切。

12 使用裁皮刀削薄皺摺處。

將鞋頭內襯放入水中,確實沾濕。

13

在鞋頭內襯的表面塗上皮革用白膠。

14

15 將塗有皮革用白膠的那一面朝下,貼合在鞋頭處。

16 將鞋頭內襯沿著鞋頭貼合,鞋緣會慢慢浮現皺摺。

一點一點地將鞋緣的皺摺撫平,貼合時避免讓表面產生皺摺。

17

表面變得平整之後,將鞋緣的皺摺也擠平成小的皺摺。

18

延展皮革,使皮革貼合鞋頭的形狀。

19

最後使用鐵鎚敲打皺摺整平。

20

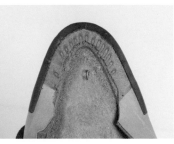

21 鞋頭黏好鞋頭內襯的模樣。連同內裡都是完全貼合木楦。等待數分鐘使其乾燥後,再進入下個作業步驟。

◆ 拉幫3

01 將皮革用白膠塗在鞋頭的鞋頭內襯上。

209

02 翻回皮革表面，套在鞋頭上。

03 鞋頭位置的表面皮革進行拉幫，以3點固定。

04 鞋頭3點固定之後的狀態。之後在這3點之間繼續進行細部的拉幫。

05 在釘子與釘子的中間點進行拉幫，打入釘子固定。

06 在新打入的釘子正中間也進行拉幫，縮小釘子間的間隔。

07 隨著間距變小，鞋緣的形態也愈顯立體。此時也可以裁去多餘的拉幫預留皮革。

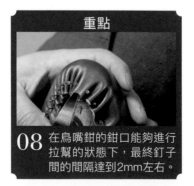

重點

08 在鳥嘴鉗的鉗口能夠進行拉幫的狀態下，最終釘子間的間隔達到2mm左右。

09 完成鞋頭的拉幫後，敲打鞋緣帶出鞋形。

10 為鞋頭側邊進行拉幫。因為必須延展鞋背的皺摺，拉幫時必須加強拉幫時的力道。

11 一邊確認鞋背上皺摺的狀態，一邊調整拉展皮革的角度，並且用力拉幫。

12 藉著確實地延展拉幫，帶出鞋頭至鞋背間美麗的線條。

13　完成拉幫後，將鞋底邊緣用水沾濕，再仔細敲打。

14　以鐵鎚敲打鞋頭四周整形。

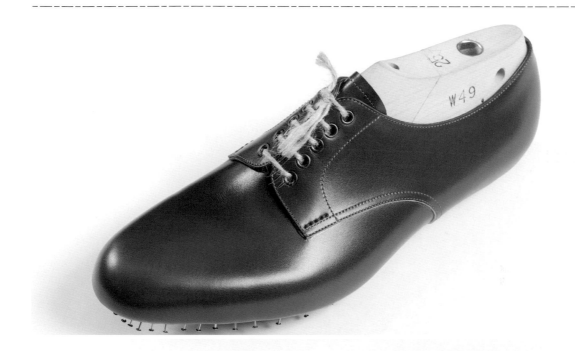

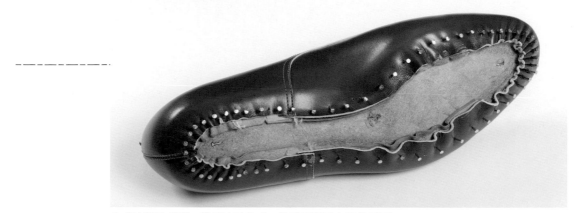

完成拉幫的模樣。鞋面大功告成，散發出鞋子本身的風采。

彎鉤縫法

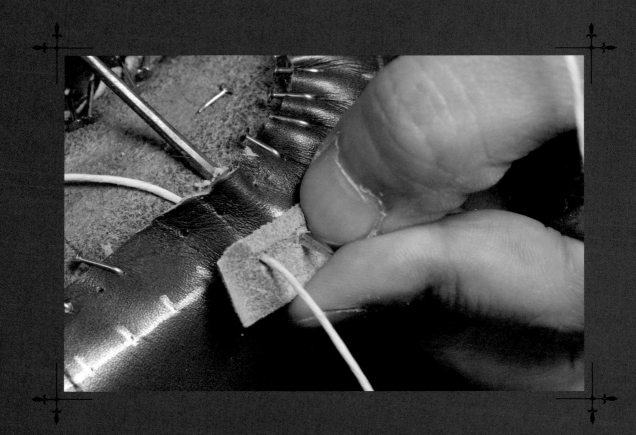

藉由彎鉤縫法可以同時縫合中底、鞋面以及沿條。因為採取的是雙重沿條法，沿條會延伸至鞋跟部分，所以彎鉤縫的距離也會變長。刺出縫線孔時，將位於縫線孔位置上用來固定拉幫的釘子拔除，縫好一針後再拔出下一個釘子。

彎鉤縫法

　　將中底、鞋面與沿條以彎鉤縫的方式縫合。基本上，縫法與牛津鞋並無二致，不過這雙德比鞋的特徵，是鞋底整圈都縫上沿條的雙重沿條法。牛津鞋使用的是單一沿條的方式，沒有沿條的鞋踵底部採取的是絡縫法，這次則是連鞋踵也要進行彎鉤縫法。關於縫製時使用的手縫針加工方式、松脂塊的製作方法與如何準備縫線，請參考108頁之後的解說。

◆ 畫上縫線孔位置的記號

01 沿著溝槽，裁去覆蓋在中底溝槽上的鞋面皮革。

02 為拉幫預留的內裡皮革，也一併沿著溝槽裁下。

03 在距離溝槽14mm的位置上，以銀筆間距規畫出縫線。從鞋緣算起約為4mm左右。

04 在鞋緣沒有明顯弧度的腳心內側，也要畫出距離溝槽14mm的縫線。

05 用銀筆將銀筆間距規畫上的線加以修正，描出清楚的線條。

06 如圖，鞋底一整面都畫上縫線。

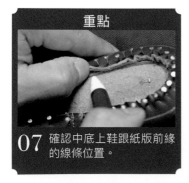

重點

07 確認中底上鞋跟紙版前緣的線條位置。

08 重新在中底畫上鞋跟紙版前緣的線條。

09 從鞋踵部位開始，在縫線內側畫出間距8mm的縫線孔。

10 鞋底畫上所有縫線孔的模樣。從溝槽處穿進彎鉤錐，而後從孔記號處穿出。

◆ 彎鉤縫法

準備長度三尋半的縫線。將拉幫的釘子往內壓平。

01

以深茶色的快染墨，為沿條的皮面層染色。

02

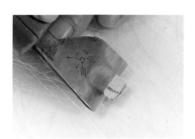

03 在沿條單側的肉面層，斜斜地削下約5mm的長度。

重點

04 將沿條浸水，直到皮革的中心也飽含水分。

05 拔除縫製處上的釘子。

06 中底上溝槽的部分用水沾濕。

07 將彎鉤椎從溝槽側面刺進去，從鞋面上的縫線孔刺出。

08 從鞋面皮革穿出的彎鉤椎前端，帶到沿條的溝槽處。

09 從外側將手縫彎針穿進彎鉤椎刺出的縫線孔。

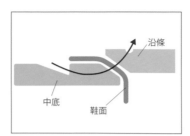

如圖,彎鉤椎會刺出貫穿中底、鞋面與沿條的縫線孔。

10 拔出彎鉤錐的同時,將手縫彎針從外側帶入縫線孔,找出縫線的中心位置。

11 以彎鉤錐刺出第2個縫線孔後,將手縫彎針從兩側穿入。

12 交換持針的手,將手縫彎針上的針線穿過縫線孔。

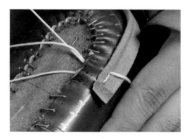

13 縫線會同時穿過中底、鞋面以及沿條。

14 從兩側拉緊縫線,將中底、鞋面與沿條縫合起來。

15 為了縫出下一個針腳,將釘子拔出。接下來必須重複拔釘的作業。

16 重複07至14的步驟,進行彎鉤縫法。

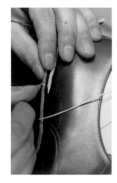

完成縫製作業的3個縫線孔前,調整沿條的長度。在沿條重疊部分的底邊上標出記號。

17

對齊底邊的記號,在沿條的重疊位置上畫線。

18

重點

19 裁下沿條前,再次確認沿條的位置與記號是否一致。

從皮面層的沿條邊緣處，斜斜地裁下寬度5mm的皮革。

20

21 裁斷沿條後，繼續縫至倒數第2個縫線孔。

22 倒數第2個縫線孔從單側進行縫合。

23 縫合至倒數第2個縫線孔的模樣。

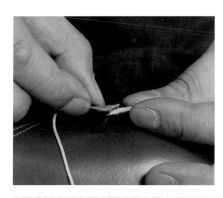

縫合完畢時，沿條的斷面會如圖一般，能夠相互交疊。

24

將沿條的斷面重疊，用彎鉤錐刺出最後一個縫線孔。

25

重點

26 最後一針只從外側將縫線穿過，將兩條縫線從內側穿出。

27 在溝槽內側將縫線打兩個結，用力把結固定。

28 縫線打好結固定後，將多餘的線剪掉。

29 將沿條內側為拉幫預留的表面皮革,沿著沿條邊緣裁切下。

30 也將沿條內側為拉幫預留的內裡皮革,沿著沿條邊緣切裁下。

31 將中底上與木楦固定的釘子全部拔出。

拔除固定鞋踵位置的釘子。

32

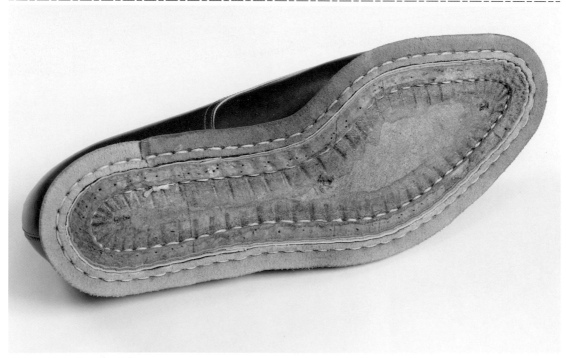

33 完成彎鉤縫之後的模樣。鞋底一周都縫上沿條,也就是雙重沿條。

貼合大底

為了消除走路時發出的聲響，採取在鞋底前半部加入毛氈，後半部放上鐵心、再鋪上軟木的形式。將大底與鞋底一周的沿條，以「外縫」的方式縫合後，就完成鞋子的基本形態。大底的貼合，要等到大底上面與軟木混合的皮革用白膠完全乾燥之後，才能進行。

貼合大底

以彎鉤縫法將中底、鞋面與沿條縫合之後，接著就是大底的貼合作業。與牛津鞋一樣在大底挖溝，以外縫的方式縫合。鞋踵的部分並非將大底掀起開溝，而是直接使用拉溝器挖出埋縫線的溝槽。這雙德比鞋的大底，使用的是以橡樹所含的丹寧酸鞣製而成的皮革，是最高級的素材，為鞋底接觸地面時帶來扎實的感觸。另外，為了抑制中底與大底摩擦時發出的聲響，在中底與大底填入毛氈與軟木。

◆ 大底貼合前的準備工作

01 用水將鞋底沿條到溝槽間的部位沾濕。

02 彎鉤縫時會使得底面凹凸不平，所以用鐵鎚敲整縫線，內外整平。

03 敲打沿條部位，帶出平整的表面。

04 使用塑形棒從沿條表面壓整，使表面平坦。

05 準備寬度10mm的皮革條，將肉面層進行一半的斜削，再塗上黏著劑。

06 中底的溝槽也塗上黏著劑。

07 將皮革條貼在中底溝槽上。

08 將皮革條沿著溝槽線條進行裁切。

09 使用兩條皮革條將中底的溝槽填平。

10 使用鐵鎚敲打，壓整黏在溝槽上的皮革條。

11 將沿條留下6mm左右的寬度，其他部分則裁掉。裁剪時要注意不要傷到鞋身。

12 寬度剩下6mm的沿條。外縫之後還會再調整沿條的寬度。

◆ 製作紳士鞋

01 裁切下比鞋底大上一圈的透明膠膜。

02 重新描繪中底底面上的3條直線，使其清晰可見。

03 仔細地將透明膠膜貼在鞋底上。

04 使用STABILO天鵝牌鉛筆描出底邊的輪廓，轉繪到膠膜上。

05 每條線的起始端點，也轉繪到膠膜上。

06 將畫有鞋底輪廓與3條線位置的膠膜，黏到肯特紙上。

07 剪下大小涵蓋從鞋頭到鞋頭數來第2條線的膠膜，黏在鞋底的前半部。

08 將鞋頭數來第2條線轉繪到膠膜上。

09 描出第2條線至鞋頭間的沿條內側線條。

10 第2條線之後的部分則不需要描出沿條的輪廓。畫好的線條輪廓即為毛暄的形態。

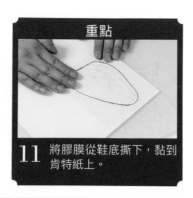

重點

11 將膠膜從鞋底撕下，黏到肯特紙上。

12 沿著轉繪的線條裁切肯特紙。這是大底用的紙版。

13 畫上沿條內側輪廓的肯特紙，也沿線裁下。

14 將13裁好的紙版放在毛暄上。使用厚度2mm的毛暄。

15 用剪刀沿著線條剪下毛暄。

16 裁下與紙版大小一致的毛暄。

17 確認貼合面，在貼合面塗上黏著劑。

18 在沿條內側的貼合位置也塗上黏著劑。

19 確認貼合位置後，將毛暄貼在中底上。

20 用鐵鎚敲打壓平貼合好的毛暄。

21 在鐵心的背面塗上黏著劑。

22 在中底裝置鐵心的位置（參考122頁）塗上黏著劑。

23 確認放置的部位後，將鐵心黏到中底上。

24 用鐵鎚敲打鐵心，使鐵心的構造能夠確實陷進中底。

中底裝好毛暄與鐵心的模樣。

25

26 將皮革用白膠與軟木混合，鋪在沒有黏上毛暄的部位。

27 將軟木填到微微隆起的狀態。

鞋底後半部填上軟木後，在黏著劑完全乾燥之前靜置一陣子，不去觸碰。

28

◆ 大底的加工

01 大底的素材使用厚度5mm的黏著劑。

02 將大底紙版放在大底皮革皮面層上，描出紙版輪廓。

03 沿著紙版輪廓外圍1mm裁下大底皮革。

04 沿著紙版輪廓外圍1mm裁下的大底皮革。

05 使用裁皮刀將肉面層粗糙的二層皮裁下。

06 皮革材料行也有販賣已經裁好二層皮的大底用素材。

07 將紙版放在裁下二層皮的肉面層，畫上前2條線端點的位置。

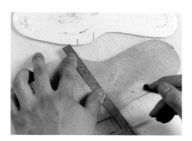

08 連接從紙版描上的端點，畫出2條直線。

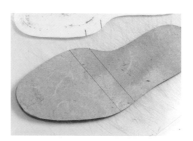

09 在大底肉面層畫上前端2條線的狀態。

10 在前端2條線的位置為止，畫出距離邊緣15mm寬的線條。

11 使用木工銼刀，將第2條線到鞋跟之間的部位磨粗。

12 在10畫上的線條外側，也用木工銼刀磨粗。

13 將毛暄以外的本底部分磨粗。在磨粗部位塗上黏著劑，浸水約一個小時。

◆ 貼合大底

01 確認軟木已經完全乾燥之後，使用木工銼刀削整表面的形態。

02 沿條表面也用木工銼刀削整，必須注意不能削斷沿條上的縫線。

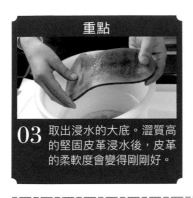

重點

03 取出浸水的大底。澀質高的堅固皮革浸水後，皮革的柔軟度會變得剛剛好。

04 將從水中取出的大底放到報紙上。

05 用報紙將大底包起來，吸取表面水分。

06 在中底除了毛暄以外的部分塗上黏著劑。

07 在磨粗的中底肉面層上再塗上一層黏著劑。

08 手拿的時候將中底肉面層朝上。

09 使大底露出邊緣1 mm，將大底與鞋身貼合。

10 仔細觀看鞋子四周，確認貼合的位置沒有跑掉。

11 如同去除中底與大底間的空氣一般，使用鐵鎚從鞋底中央慢慢往兩端敲打壓實。

12 使用塑形棒從沿條表面加壓，用力地壓實。

13 使用塑形棒摩擦鞋底，使表面均整。

14 確實貼合之後，將大底周圍順著沿條裁下。

鞋身貼上大底的模樣。

15

◆ 在沿條上留下印花推燙痕

01 在沿條上緣的鞋面處，貼上黏性變弱的遮蔽紙膠帶。

02 腳心內側的部分貼得稍微寬一點。

03 將尼龍膠布黏在遮蔽紙膠帶上。

04 仔細用水沾濕沿條。

重點

05 以酒精燈加熱燙頭較大的印花推。

06 將加熱後的印花推在沿條上滾動，留下燙痕。

07 鞋踵處也一樣，在沿條上燙出印花推的痕跡。

08 腳心內側則在足以容納印花推燙頭的部分推出痕跡。

09 沿條上的印花推燙痕。印花推的間距也等同於縫線的間距。

◆ 大底開溝

使用銀筆在距離鞋身約2mm處畫出縫線的位置。
01

02 沿條上畫好縫線的模樣。

重點

03 因為腳心內側上無法畫縫線的緣故，必須以目測方式刺出縫線孔。

04 使用大銼刀輕輕地修整鞋底邊。

05 用碎玻璃片削刮修整過的鞋底邊，使表面均整。

06 放上鞋跟紙版，描出鞋跟前緣的線條。

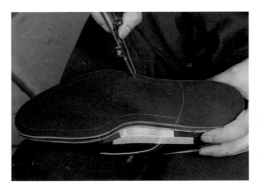

07 在鞋跟前緣線以上的鞋底周圍，畫上寬度10mm的線條。

這條線將成為拉溝時的基準。
08

09 將裁皮刀的刀刃放在鞋跟前緣線後方約10mm處。

10 從底邊用刀子割出深度1mm的開口，割到對側鞋跟前緣線往後約10mm處為止。

11 將塑形棒放到裁皮刀割好開口的部分，將皮革翻起。

12 接著用手指一點一點地慢慢將皮革往上翻。

13 因為皮革一旦承受外力，就容易延展或是出現皺摺，所以處理時力道不能太大。

14 在反折的地方用鐵鎚輕輕敲打，壓緊固定反折處。

15 從大底開溝邊緣向內5mm的位置上，以拉溝器拉出溝槽。

16 因為溝槽必須容納縫線，所以需要挖出1.5mm左右的深度。

17 沒有開溝的部分也在距離邊緣5mm的地方拉出溝槽。

✦ 外縫

18 大底開溝與拉出溝槽之後的模樣。

01 用彎鉤錐從沿條表面畫好的縫線處，向鞋底拉好的溝槽刺出縫線孔。

02 以外縫用的針線，從兩側穿過01的縫線孔。縫線的長度約為三尋半。

03 穿過第1個縫線孔後，將從內外兩側穿出的縫線調整為等長。

04 刺出第2個縫線孔，從兩側將針線穿進孔中。

05 用力拉緊縫線，使縫線確實陷入溝槽中。

06 重複01至05的步驟，進行縫合。

07 沿條上側有以印花推燙出的痕跡。會從低陷的地方出針，縫線則會落在凸出的位置。

08 須再次將針線帶入一開始縫的第1個縫線孔。用彎鉤錐再次刺入縫線孔，使孔變大。

09 在最後一個縫線孔（即08加大的第1個的縫線孔），只從表面穿進針線。

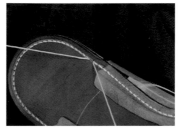

10 從最後一個縫線孔的表面穿進針線後，就會有2條縫線從底面穿出。

11 將穿出到底面的2條縫線打結，用力打結使結眼陷入溝槽中。

盡可能只留下結眼，把多餘的線剪掉。

12

鞋底一周以外縫的方式縫合好的模樣。

13

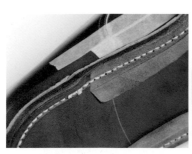

14 盡可能地以均等的力道進行縫合，使縫線均勻整齊。如果拉線時太大力，縫線會整個陷入沿條，也就無法欣賞到美麗的針腳。另外，為了避免沿條與大底失去必要的彈性空間，降低穿著時的舒適度，也需要特別注意拉扯縫線時的力道。

◆ 恢復因開溝而掀起的大底皮革

01 用鐵鎚敲整縫線處，修整作業時變形的皮革。

02 用木工銼刀磨粗開溝部位的表面。

03 掀起的皮革也用較粗的砂紙研磨。

04 在開溝處塗上黏著劑。

05 用水沾濕皮革掀起處的皮面層。

06 將掀起的皮革一點一點地敲回，貼合起來。

07 將掀起的皮革全部翻回後，使用鐵鎚與塑形棒讓表面平整。

08 沿著縫線處向外3mm左右處，裁剪底邊周圍。

09 一邊確認整雙鞋的底邊與縫線之間的距離都是相同的，一邊進行細部調整。

10 結束大底貼合的工作。製鞋作業至此，鞋子的基本形態也宣告完成。

貼上鞋跟

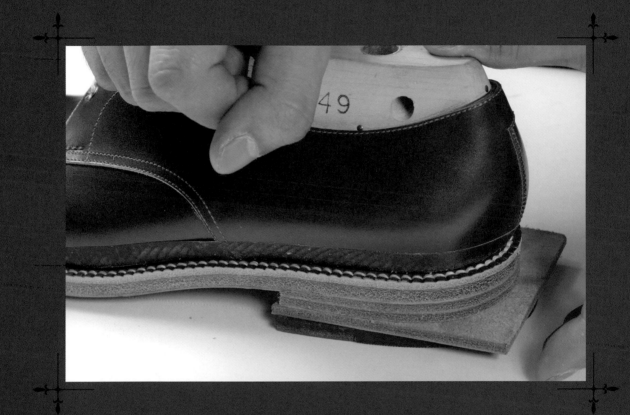

因為貼合大底時採用的是雙重沿條的方式，有效抑制了鞋踵部位可能產生的弧度。因此可以不使用U形墊片，單靠堆疊鞋跟用皮革的後續加工，即能修正鞋跟部位的弧度與角度。貼上鞋跟時的重點，在於鞋踵底部能夠完全接觸到地面。

貼上鞋跟

因為在貼合大底時採用的是連鞋踵處也縫上沿條的雙重沿條製法，所以相較於牛津鞋，這雙德比鞋在鞋踵部位的圓弧度是較不明顯的。因此可以省略U形墊片，只利用堆疊鞋跟用皮革與天皮的疊合，完成鞋跟製作。藉由調整第1片堆疊用鞋跟皮革，修正鞋踵的弧度與角度，之後基本上不需要再調整角度，只需疊合鞋跟皮革即可。鞋跟底部的天皮種類繁多，所以可以在挑選皮革材料時，選擇符合自己所描繪的鞋款形式的素材。

◆ 固定大底

01 打入釘子，讓縫合後的鞋踵與四周更加穩固。放上鞋跟紙版，描出鞋跟前緣線。

02 畫上鞋跟前緣線的模樣。這條線將成為貼上鞋跟時的基準線。

03 決定打入木釘的位置。這雙鞋是在鞋踵後緣往內18mm處。

04 於鞋踵部位周圍向內18mm處畫線。

05 在04畫好的線上，做出間隔1cm的記號，也就是要打入木釘的位置。

06 在05做好的記號上，以菱錐鑽洞。

07 在04畫好的線上打好所有的洞。

08 將木釘打入菱錐鑽出的洞裡。

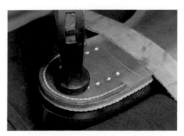

09 將所有的釘子打入洞內後，以鐵鎚敲打鞋踵部位，使其平坦均整。

10 用木工銼刀削磨鞋踵部位的表面。

重點

11 於鞋踵部位的前方約2mm的範圍內，使用砂紙將表皮磨下。

12 因為削磨表面的關係，鞋跟前緣線變得比較不清晰，所以必須重新放上紙版描線。

13 重新描上鞋跟前緣線，使鞋跟的貼合範圍一目瞭然。

◆ **堆疊鞋跟 1**

01 這雙德比鞋的鞋跟部位，以堆疊鞋跟用的皮革與天皮構成。

02 使用第1片堆疊鞋跟用的皮革，就能帶出平面效果。配合大底的弧度將肉面層削薄。

03 鞋跟前緣線附近弧度較大，所以也必須削得比較薄。

04 由內而外進行削薄。

05 利用木工銼刀摩擦削薄部位，使表面平滑。

06 第1片堆疊鞋跟用皮革的肉面層塗上黏著劑。

07 大底上貼合鞋跟的部位也塗上黏著劑。

08 對齊堆疊鞋跟用皮革的鞋跟前緣與大底上的鞋跟前緣線，進行貼合。

09 貼合之後，使用鐵鎚敲打壓實鞋跟區域。

10 沿著鞋踵底部的形狀，將多餘的鞋跟皮革裁下。

裁下後，以鐵鎚敲打表面整平。
11

使用木工銼刀摩擦鞋跟皮革的表面，將表皮磨下。
12

◆ 堆疊鞋跟 2

01 將剩下來的鞋跟組件堆疊起來，確認彼此間沒有空隙。

02 確認之後，將黏著劑塗在第2片堆疊鞋跟用皮革的肉面層上。

03 大底側也塗上黏著劑，貼合時鞋跟皮革稍微凸出鞋跟前緣線約1mm。

04 黏上第2片堆疊鞋跟用皮革後，用鐵鎚敲打壓實。

05 沿著鞋底的形狀，將多餘的鞋跟皮革裁下。

06 在鞋跟邊緣往內15mm處描出線條，每間隔10mm標出釘子位置的記號。

07 在 06 畫好的記號上，以菱錐鑽出小洞。

08 所有洞裡都打入木釘後，敲打鞋跟部位使表面平坦。

09 利用木工銼刀摩擦表面，形成一個平面。

◆ 堆疊鞋跟 3

01 將剩下來的鞋跟組件堆疊起來，確認彼此間沒有空隙。

02 將黏著劑塗在貼合的兩面上。

03 黏上第 3 片堆疊鞋跟用皮革。

04 貼合第 3 片鞋跟皮革時也稍微凸出剛剛黏上的第 2 片皮革，差距在 1mm 之內。

05 黏好第 3 片堆疊鞋跟用皮革後，用鐵鎚敲打壓實。

06 沿著鞋跟的形狀，將多餘的皮革裁下。

07 敲打之後使表面均整。

08 在鞋跟邊緣往內 15mm 處描出線條。

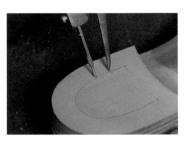

09 在 08 畫好的線上，每間隔 10mm 標出釘子位置的記號。

10 這裡使用的是鐵釘，釘子的長度不能貫穿到中底（這雙鞋是19mm）。

11 在09標好的記號上打入鐵釘。

12 使用釘衝將釘子打入。

13 為了不讓釘頭凸出於鞋跟底面，要確實讓釘子打入底面。

◆ 裝上天皮

01 在鞋跟底面塗上薄薄的兩層黏著劑。

02 同樣地，天皮的橡膠面上也塗上黏著劑。

03 考慮留在鞋跟上的橡膠部位大小，將天皮貼合。

04 用鐵鎚敲打，壓緊貼合好的天皮。

05 將多餘的天皮裁掉。

06 因為天皮的橡膠部位比較堅硬，所以裁切時必須夾緊腋下，讓力量送達至刀刃。

07 鞋跟疊合完成的模樣。

最終修整

最後進行各部位的收尾修飾工作。底邊使用燙斗推塑形，染色後再上蠟，使鞋底邊猶如木頭一般堅固。鞋底刮除表皮，塗上鹿角菜膠來回擦拭，最後塗上鞋底油。而鞋面以鞋乳擦拭修整。各部位進行適合的修飾加工後，就完成整個製鞋過程。

各部位的最終修整

　　貼上鞋跟，完成鞋子的基本形態後，接著就是最終的收尾修飾的工作。包含鞋跟、鞋底一周的底邊形狀上的修整，最終是染色上蠟。底邊的最終樣貌，將影響一雙鞋子的完成度，所以作業時必須非常謹慎仔細。鞋面擦上滋養護理霜和鞋乳，鞋底則以鹿角菜膠擦拭。完成各部位的最終修飾後，將木楦拔出中底，進行最後修整，打上鞋帶就完成了。重要的是，直到最後的製作步驟，仍舊維持高度的注意力。

◆ 鞋跟的成形

01 放上鞋跟紙版，確認鞋後跟的形狀。

02 沿著鞋跟紙版的線條，修整鞋後跟的形態。

03 在鞋跟前緣線的側面，畫上一條稍微傾斜的線。

04 這條線將成為修整鞋跟前緣的參考基準。

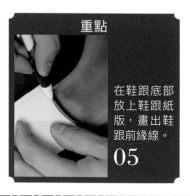

重點

在鞋跟底部放上鞋跟紙版，畫出鞋跟前緣線。

05

06 沿著側面與底部線條裁剪，修整鞋跟前緣部分的形態。

07 鞋跟前緣部分修整完畢之後，用水沾濕鞋跟的斷面。

以鐵鎚較細的那一面，輕輕敲打沾了水的鞋跟斷面。使纖維更加緊密，提高強度。

08

09 如圖，鞋跟前緣的側面會呈現筆直的敲打痕跡。

10 鞋跟前緣的內側部分，會形成如同鞋跟紙版的弧形輪廓。

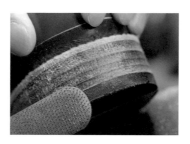

11 使用木工銼刀修整鞋跟斷面。橡膠部分也要仔細削磨。

12 鞋跟部位以外的底邊，也使用木工銼刀削整塑形。

13 鞋跟前緣的部分亦使用木工銼刀塑形。

14 各部位的底邊就會呈現如圖的模樣。

◆ 打入修飾釘

01 以大銼刀靠在鞋跟底邊上來回摩擦，削去毛邊。

使用大銼刀削下鞋跟前緣邊角毛邊。

02

03 以砂紙將天皮皮革部分的表皮削落。

04 也可以使用碎玻璃片將表皮刮下。

05 在鞋跟邊緣往內5mm的位置上畫線。

06 鞋跟前緣處亦取5mm距離畫線。

07 另外一邊的側邊，也畫上寬度5mm的線。

放上鞋跟紙版，配合06畫上的線條，找出中心點。

08

09 利用錐子在皮革部分邊緣5mm處與線條交點，及08標好記號的位置鑽出基準洞。

10 在基準洞的位置上打入修飾釘。

11 將釘子都打入之後，敲打鞋跟底部範圍，使底面平坦。

12 將修飾釘打入鞋跟的模樣。固定基準位置後，就能自由地在其他位置打入修飾釘。

◆ 修整斷面與底邊表面

01 用水沾濕鞋跟斷面。

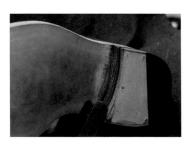

02 鞋跟前緣的部分也用水沾濕。

03 鞋底邊也用水沾濕。

04 用碎玻璃片削刮修飾鞋跟斷面，使表面平整。

用碎玻璃片削刮整平鞋底邊的表面。

05

用碎玻璃片削刮修整鞋跟前緣斷面處的表面。

06

07 如圖，使用碎玻璃片削刮後的底邊。表面變得十分平滑。

◆ 修整底邊

01 以 #180 的耐水砂紙研磨鞋跟斷面。

02 鞋底邊也以 #180 的耐水砂紙研磨。

鞋跟前緣的斷面也以 #180 的耐水砂紙研磨。

03

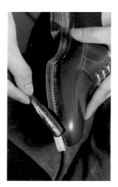

04 用水沾濕鞋跟與鞋跟前緣的斷面。

鞋底邊用水沾濕。

05

06 最終修飾。用 01 至 03 所使用的 #180 的耐水砂紙，研磨所有用水沾濕的斷面及底邊。

07 使用耐水砂紙研磨，使得斷面與底邊的表面變得更加光滑。

08 因為受到橫向的壓力，邊緣部分變形翹起，利用塑形棒壓緊沿條，以修整底邊。

09 修整因為底邊的壓力而變形的邊緣部分。

10 使用裁皮刀削整沿條邊的平面。

11 透過目測，確認兩側邊緣的形態是一致的。

重點

12 將大銼刀放在底邊的邊緣處，研磨毛邊。

13 使用 #180 的耐水砂紙，將鞋底的表皮磨掉。

14 底邊與鞋底經過處理的模樣。

◆ 打造紳士鞋

01 用水沾濕沿條表面。

02 將印花推加熱，配合原有的燙痕在沿條上滾動。

03 透過留下印花推燙痕，能夠壓緊縫線，並使縫線孔密合。

重點

04 也可以使用壓邊推，固定縫線針腳的位置。

05 將各部位的底邊用水沾濕，利用燙斗推整形。

06 使用大小適當的單底推，修整鞋身底邊。

鞋跟部分的斷面，則使用平頭推與後跟推來塑形。

07

08 底邊的邊緣使用後跟推整形。

09 使用燙斗推能夠使得底邊的纖維收縮緊實。

用水沾濕鞋跟的邊緣。

10

11 用窄頭推靠在濕潤的鞋跟邊緣上，收縮纖維。

12 利用窄頭推直向與橫向地收縮纖維，能夠增加鞋跟部位的強度。

利用燙斗推的效果

在濕潤的皮革上使用燙斗推，皮革纖維會因為燙整收縮，而提高強度。邊緣等負荷較大的部分，必須確實利用燙斗推進行補強。

➔ 底邊與鞋底的最終修整

01 使用快染墨將底邊染成深茶色。注意染色時不要染到鞋底面。

02 沿條則使用水彩筆上色。縫線也染成同樣顏色。

03 底邊染色之後的模樣。黑色以外，像是茶色等顏色，重複刷染的話顏色就會變深。所以染色時，要注意刷染次數是相同的，顏色才會一致。

04 將磨邊蠟加熱，熔化蠟塊的前緣。

05 將熔化的磨邊蠟來回塗抹底邊。

06 底邊塗上磨邊蠟的模樣。塗抹的份量最好能夠是均等的。

07 鞋跟部位也要仔細擦上磨邊蠟。

08 大小適用於底邊的單底推，予以加熱。

09 將加熱的單底推靠在底邊上，使磨邊蠟熔化並且均勻地塗抹開來。

10 鞋跟部位使用後跟推熔化磨邊蠟，仔細塗抹。

11 用熔化的磨邊蠟擦拭鞋底邊緣。

12 鞋跟上的皮革邊緣，也使用熔化的磨邊蠟擦拭。

13 在塗了蠟的鞋跟邊緣，以窄頭推燙壓出邊線。

14 鞋底邊也使用窄頭推燙壓出邊線。

15 將抹上磨邊蠟的鞋跟底邊，以布擦拭到出現光澤為止。

16 鞋底邊也同樣使用布擦拭，帶出光澤感。

17 用加熱過的印花推，在鞋跟最上緣的位置燙出點線紋路。

18 燙好點線紋路的模樣。

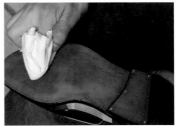

19 鞋底塗上鹿角菜膠。

20 鞋跟底部的皮革部分也塗上鹿角菜膠。

21 用布擦拭塗有鹿角菜膠的鞋底，帶出光澤。

22 將鞋子固定在腿上，用力擦拭。

23 鞋底完成修整的模樣。

24 確認各部位底邊與斷面的修整狀態。

◆ 最後修飾

01 撕下沿條上用來保護鞋身的膠帶。

02 將暫時固定在襟片上的繩子剪開。

03 把剪開的繩子從鞋帶孔中取出。

04 使用毛刷擦拭鞋身整體，刷去灰塵髒汙。

05 於鞋身塗上頂級滋養護理霜，補充營養及保濕。

沾取深咖啡色的鞋乳，塗抹在後腰片邊界及鞋跟沿條交界處。

06

07 用布擦拭塗抹上鞋乳的交界處。

08 使用咖啡色的鞋乳塗抹一整個鞋面。

09 用乾燥的布仔細擦拭塗有鞋乳的鞋面，營造光澤感。

10 用布沾取皮革鞋底油，擦拭鞋底。

11 包含鞋跟及鞋底整面都仔細擦上鞋底油。

◆ 中底的最後修飾

01 敲打木楦頂部，使前側凸起。

02 將前側木楦取出，裝上拔楦鉤。

03 感覺像是把鞋跟往上提，將木楦拔出。

04 拔出木楦後，用鉗子將中底上的木釘釘頭剪斷。

05 用長柄扁銼削磨中底的鞋跟周圍部位。

使中底的鞋跟周圍部位沒有凸出的木釘。

06

將肉面層塗上橡皮膠的鞋墊，黏在中底的鞋跟部位。

07

◆ 穿進鞋帶

08 決定好腳跟墊的位置後，用力壓緊貼合。

01 將鞋帶兩側從表面穿進最下方的鞋帶孔，左邊鞋帶從右下第2個鞋帶孔內側穿出。

02 將穿過面對圖片右下第1個鞋帶孔的鞋帶，從左下數來第3個鞋帶孔的內側穿出。

03 將01穿好的鞋帶從表面穿進左下第2個鞋帶孔,再從右下第4個鞋帶孔內側穿出。

04 將02穿好的鞋帶從表面穿進右下第3個鞋帶孔,再從左上第1個鞋帶孔內側穿出。

05 將03穿好的鞋帶從表面穿進左下第4個鞋帶孔,再從右上第1個鞋帶孔內側穿出。

 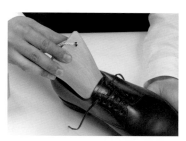 

06 將鞋帶打結之後就完成了。

07 保管時放入鞋撐,首先將前段的組件放入。

08 接著將後段組件放到鞋跟側。

09 最後放入中段的組件。因為德比鞋的鞋背部位的皮件面積較大,拉幫時是否確實塑造出完美的鞋背型態,將會大幅影響鞋子本身的完成度。

拿捏鞋款的休閒氣息
整合最終設計

　　開放式襟片的德比鞋,不同於凜然端正的牛津鞋,重點在於軟性休閒氣息的拿捏。製鞋時選擇的木楦與沿條凸出的程度,都是影響的因素之一,然而最關鍵的部分,可能在於製鞋師本人是否能在腦中描繪出完成後的鞋款。擁有整合設計的能力,及將品味轉化為實體的技術,才能打造出形態上一如預期的德比鞋。

將製作紳士鞋的技術
傳承到下個世代

　　本書如實記錄了手工鞋職人三澤則行製作牛津鞋與德比鞋的過程，這兩種鞋也被認為是紳士鞋中最基本的款式。許多製鞋師在當學徒時看著師傅製作，而後一步步地內化為自身的技藝。一名學徒真正成為獨當一面的製鞋師，需要花費極長的時間。很多時候，儘管心裡想著，要照著師父所做依樣畫葫蘆，卻因為技巧未臻成熟而失敗。因為就算是用眼睛看，並且理解製作方式，卻因為技術不到位，而無法做出一雙好鞋。就使用針車機的方式來說，真正踩踏針車時，才第一次體會到，單是「用針車縫邊」是多麼困難的一件事。習得這些技巧沒有捷徑，唯有不斷的努力與練習。

　　鞋子的製作過程無法全部以數字量化。雖然我並不想以製鞋師的「手感」這兩個字來形容，不過專業製鞋師長年累積而來的技術當中，應能肯定地說，的確含有這類的成分。就算是相同的製作過程，不同的製鞋師使用的數值與方法，也有所不同，這是十分常見的事。本書所介紹的，僅是「三澤則行的製鞋方式」，當中也存在著與其他製鞋師不同的思考方式。當然基礎部分是共通的，只不過每一位製鞋師採取的都是自身信奉的製作方法。手工鞋也是如此打造而來的。

　　身處快速消費文化的時代，眼見花費時間勞力的工藝不斷面臨淘汰的命運，製作手工鞋的技術也是其中之一。我們期待這本書的誕生，能夠協助手工製鞋技藝傳承到下個世代。

體會「手工鞋」意涵的場所

本書的監修者三澤則行先生所經營的MISAWA &
WORKSHOP，是一間接受訂製的手工鞋工房，同時
也是間教授傳統手工鞋技術的學校。人們可以在這裡
體會傳統手工鞋的精髓。

Noriyuki Misawa

三澤則行

本書的監修者，同時也是MISAWA &
WORKSHOP 經營者。在日本，三澤則行算
是十分稀有的職人類型，是名除了紳士鞋之
外，同時也經手女鞋的手工製鞋師。從鞋款
設計、木楦製作、打版、縫製、貼合大底等
製作過程，全都不假他人之手，在日本國內
及海外都獲得極高評價。而且，近年來也將
活動範圍擴展到藝術領域，非常活躍。

工房的展示架上，擺放著一系列由三澤先生所打造的手工鞋。琳瑯滿目的素材與設計，充分展現了身為製鞋師的三澤，其豐富多元的可能性。另外，其他架上也展示著，他在德國國際製鞋師大賽以及日本皮革工藝展的得獎作品。

　　訂製手工鞋工房MISAWA & WORKSHOP 創立於2011年。經營者的製鞋師三澤則行，在日本學習製鞋技術後，前往奧地利維也納歷史悠久的製鞋工房工作，以及在鞋廠擔任製版師，尋求所謂傳統的手工鞋。創設工房後，仍持續追隨皮革工藝師學習工藝與藝術，至今仍探求著鞋所具有的美感。於德國國際製鞋師大賽獲得金牌及榮譽獎、日本皮革工藝展得到文部科學大臣獎，在在證明了他的成就。

　　在MISAWA & WORKSHOP，三澤使用依據經驗而開發出來的木楦，如同前文所介紹，獨力完成所有的製鞋工序，打造出一雙真正的手工鞋。雖然一雙鞋要價日幣三十萬元上下，但是擁有一雙由一流的製鞋師按照腳型訂作的專屬皮鞋，相對也帶來令人滿足的價值。

　　三澤所經手的的皮鞋，除了實用機能之外，也是極富美感的工藝品。人們唯有在這間工房，才能獲得這樣一雙鞋。

MISAWA & WORKSHOP

工房地址
〒116-0002東京都荒川區荒川5-46-3，1F
教室地址
〒116-0002東京都荒川區荒川5-4-2
新日本TOKYO大樓4F
工房營業時間　（預約制）
週二、四、五　11:00～19:00
週三、六、日　17:00～19:00
週一公休
TEL&FAX
03-6807-8839

學習製鞋所需技術的場所

因為每位學員的學習進度不一，所以由講師進行一對一的指導教學。如果能夠確實照著排定科目消化課程，就連第一次接觸皮革的人，約在半年之後就能製作出一雙鞋子。學員當中，有的人想要成為專業的製鞋師，也有人只是當做閒暇的興趣享受，不過每位學員在這裡，都能獲得製鞋的技術指導。

THE SHOEMAKER'S CLASS（製鞋師課程）除了上課的學員外，也向一般大眾公開販售製鞋所需的工具與材料。除了本書中所使用的木楦之外，也有各式各樣的進口工具。想要購買的民眾請自行聯繫。

（圖說）參加課程的學員不分男女老幼，遍及各領域。每個人的目標也不盡相同。這個空間可讓學員們各自朝著目標前進，努力達到修行＝上課的目的。

　　MISAWA & WORKSHOP 所擁有的另一個面貌，是命名為 THE SHOEMAKER'S CLASS（製鞋師課程）的手工鞋製作學校。

　　傳統上學習製鞋的技術時，多是師傅傳承徒弟的形式。在此，學員們並非來到工房當學徒，而是在學校裡按照編排出來的課程表，從製鞋的基礎開始學習。其實，不光是只有製鞋，還有針對第一次接觸皮革的學員開設「初學者體驗課程」、獨立完成從打版到木楦製作的「職人進階課程」，還有養成世界製鞋師通用的「大師課程」。在學校裡由三澤老師與其所信賴的講師們，針對每位學員的程度，進行實用性高且正統的製鞋技術指導，由一流的職人親自教授正統的技藝。

　　於現代傳承傳統的製鞋方法，THE SHOEMAKER'S CLASS 堪稱是一所在文化上也具有重要意涵的製鞋學校。

索引

索引

國家圖書館出版品預行編目資料

高級手工訂製紳士鞋 / 三澤則行監修；劉向潔譯. -- 修訂2版. -- 臺北市：易博士文化, 城邦事業股份有限公司出版：英屬蓋曼群島商家庭傳媒股份有限公司城邦分公司發行, 2023.06
　　面；　公分
譯自：紳士靴を仕立てる
ISBN 978-986-480-307-1(精裝)
1.皮革 2.鞋 3.手工藝
426.65　　　　　　　　　　　　　　　　　　　　　　　　　112007855

DA1035

高級手工訂製紳士鞋

原 著 書 名／紳士靴を仕立てる
原 出 版 社／スタジオタッククリエイティブ
監　　　　修／三澤則行
譯　　　　者／劉向潔
選 書 人／蕭麗媛
編　　　　輯／黃婉玉

業 務 經 理／羅越華
總 編 輯／蕭麗媛
視 覺 總 監／陳栩椿
發 行 人／何飛鵬
出　　　　版／易博士文化
　　　　　　城邦文化事業股份有限公司
　　　　　　台北市中山區民生東路二段 141 號 8 樓
　　　　　　電話：(02) 2500-7008　　傳真：(02) 2502-7676
　　　　　　E-mail：ct_easybooks@hmg.com.tw
發　　　　行／英屬蓋曼群島商家庭傳媒股份有限公司城邦分公司
　　　　　　台北市中山區民生東路二段 141 號 2 樓
　　　　　　書虫客服服務專線：(02)2500-7718、2500-7719
　　　　　　服務時間：周一至週五上午 0900:00-12:00；下午 13:30-17:00
　　　　　　24 小時傳真服務：(02)2500-1990、2500-1991
　　　　　　讀者服務信箱：service@readingclub.com.tw
　　　　　　劃撥帳號：19863813
　　　　　　戶名：書虫股份有限公司
香 港 發 行 所／城邦（香港）出版集團有限公司
　　　　　　香港灣仔駱克道 193 號東超商業中心 1 樓
　　　　　　電話：(852) 2508-6231　　傳真：(852) 2578-9337
　　　　　　E-mail：hkcite@biznetvigator.com
馬 新 發 行 所／城邦（馬新）出版集團【Cite (M) Sdn. Bhd.】
　　　　　　41, Jalan Radin Anum, Bandar Baru Sri Petaling,
　　　　　　57000 Kuala Lumpur, Malaysia.
　　　　　　電話：(603) 9056-3833　　傳真：(603) 9057-6622
　　　　　　E-mail：services@cite.my
美 術 編 輯／簡至成
封 面 構 成／簡至成
製 版 印 刷／卡樂彩色製版印刷有限公司

SHINSHIGUTSUWO SHITATERU "Professional Series" © NORIYUKI MISAWA "MISAWA & WORKSHOP" ,TAKASHI KAJIWARA "Studio Kazy Photography"
Copyright ©_2016 STUDIO TAC CREATIVE CO., LTD.
Photography copyright ©_2016 TAKASHI KAJIWARA
Traditional Chinese translation copyright ©2018 by Easybooks Publications, a Division of Cite Publishing Ltd.
Originally published in Japan in 2016 by STUDIO TAC CREATIVE CO., LTD.
Traditional Chinese translation rights arranged with STUDIO TAC CREATIVE CO.,LTD. through AMANN CO., LTD.

■2018年09月13日　初版
■2021年03月11日　修訂1版
■2023年06月15日　修訂2版
ISBN　978-986-480-307-1
定價 2500 元　HK$833

Printed in Taiwan

城邦讀書花園
www.cite.com.tw